中国谋略——无间计

方道 ◎ 解编

中国华侨出版社
·北京·

图书在版编目(CIP)数据

中国谋略无间计/方道解编.—北京：中国华侨出版社，2005.1（2025.4重印）
ISBN 978-7-80120-915-3

Ⅰ.①中… Ⅱ.①方… Ⅲ.①人生哲学—通俗读物
Ⅳ.①B821-49

中国版本图书馆CIP数据核字（2004）第132067号

中国谋略无间计

解　　编：	方　道
责任编辑：	唐崇杰
封面设计：	胡椒书衣
经　　销：	新华书店
开　　本：	710 mm×1000 mm　1/16开　　印张：12　字数：136千字
印　　刷：	三河市富华印刷包装有限公司
版　　次：	2005年1月第1版
印　　次：	2025年4月第2次印刷
书　　号：	ISBN 978-7-80120-915-3
定　　价：	49.80元

中国华侨出版社　北京市朝阳区西坝河东里77号楼底商5号　邮编：100028
发 行 部：（010）64443051　　　　　　传　真：（010）64439708

如果发现印装质量问题，影响阅读，请与印刷厂联系调换。

世间纷扰，人心难测，做人一事，岂是易事？

谈及做人，便不得不提那"善谋"二字。善谋者，非狡诈之徒，亦非阴谋之辈，而是深谙世事，明辨是非，行事有方之人。

善谋者，知进退。人生如棋，一步错，满盘皆输。善谋者行事，必先审时度势，权衡利弊，而后行之。他们懂得何时该进，何时该退，不会因一时之勇而陷入困境，也不会因一时之惧而错失良机。

善谋者，重长远。他们目光如炬，能洞察未来之趋势，不为眼前之利所惑。在追求目标的过程中，他们懂得取舍，知道何时该放弃眼前的小利，以换取未来的大利。此等胸怀，非一般人所能及。

善谋之道，实则是一种生活态度，一种人生智慧。它教会我们如何在这个复杂多变的世界中，保持自己的清醒与理智，如何以最小的代价，获取最大的收益。

善谋之道，深奥而微妙。它需要我们用心去领悟，去实践。只有这样，我们才能在人生的道路上，走得更远，走得更稳。

然而，吾辈仍需深思：在这纷繁复杂的世界中，我们究竟该如何把握善谋之道？是随波逐流，还是坚守本心？是追求名利，还是注重品德？这些问题，或许没有标准的答案。但只要我们用心去思考，去实践，总能找到属于自己的道路。

《无间计》一书，通过丰富的历史典故、生动的现实案例以及深入浅出的理论阐述，带领读者走进谋事者的内心世界，感受他们面对挑战时的冷静与智慧，学习他们如何在复杂多变的环境中寻找机遇、规避风险。我们希望通过这些故事与理论，激发读者内心的潜能，帮助读者成为更加优秀的谋事者。无论是在职场上，还是在人生的每一个阶段，都能展现出非凡的智慧与魅力。

第一章
交际相处：你来我往有学问

精明与糊涂孪生 // 002

把交际变成成功的资本 // 004

找到人才就有了一切 // 010

多一个朋友多一条路 // 014

宽以待人得人心 // 017

第二章
攻守转换：每一招都用到点子上

知道别人想什么，就知道自己做什么 // 024

因人制宜，攻守不会乱 // 026

心中有数，就会占得主动 // 030

两手准备：既求渐进，又求激进 // 034

拿出让人心服口服的绝招 // 043

第三章
借势而起：踩到跳板上可省大力气

打出借势发挥的巧牌 // 048

巧借他人之力，缓己燃眉之急 // 052
发现跳板，才能跳得更高更远 // 055
学会借助他力去攻击 // 061
借人之势收拾战场 // 066

第四章
左右逢源：好关系靠自己去建立

在左左右右中找到安全 // 074
明哲保身以修方圆 // 079
看透之后再出手 // 084
在巧妙应对上用足劲 // 090
在明暗之中较量高低 // 094

第五章
躲闪退让：人仰马翻是大失败

进退结合及为人之常理 // 100

以退为进才能站稳脚跟 // 105

身处弱势，必须以退为攻 // 109

屈伸有度，熬过艰难关头 // 114

避开锋芒见机智 // 120

第六章
防身安全：千万别让小人靠近你

小心防止出现漏洞 // 128

把"防一手"记在心头 // 132

防止"人走茶凉" // 135

以其人之道还其人之身 // 138

以"警惕"两字为上 // 140

第七章
精明善变：让自己全身灵活起来

以大变之计制小变之计 // 146

"变"字的最高境界是神算 // 149

越有本事，越要有改变之功 // 153

精于观察，把功夫用在灵活变化上 // 159

根据角色需要变脸谱 // 162

第八章
忍让求成:越急越成不了大事

低头无妨做大事 // 166

忍耐一步,就可走到终点 // 169

力戒浮躁,欲速则不达 // 173

动辄发怒的人多为莽汉 // 175

在小处忍让,在大处获胜 // 178

第一章

交际相处：你来我往有学问

相处的学问有很多，但哪些最为实用呢？这是没有固定答案的。总的来说，你不可把自己摆在绝顶聪明的位置上，以为别人都是笨蛋，这种聪明实为小聪明。另外，要懂得与人交朋友、交友谊，尽管不可多之，但必须有几个贴心人，你可以在最困难的时候，最想吐心声的时候，有人来到你的身边。有些人不明此道，总以为自己是老大，他人是仆人，傲慢的头扬到天上去，要知道，这种人迟早是会因讨人嫌而成为一匹"独狼"的。

精明与糊涂孪生

> 做人之难,往往与这样两个词有关——"糊涂"与"精明"。每个人都不想成为糊涂之人而愿成为精明之人,这一点毫无疑问。但是,人与人之间总存在相处的关系,总有是是非非存在其中。那么究竟该怎样办呢?

小事与大事相对,精明与糊涂孪生。左宗棠始终保持清醒头脑,他认为精明与糊涂,是一对矛盾的字眼,人们又比较倾向于"精明"一词,这当然是再正常不过的反应,谁不首先考虑自己呢?但有些时候,如果你把糊涂融入自己的做人之道中,或许就会游刃有余。

如何对待小事与大事,精明与糊涂,是一个人智慧与否的象征。

郑板桥有一句名言:难得糊涂。这句名言流传了几百年但风采依旧。甚至前两年有人把这句话写成中堂挂在自己的书房里。这还不算,有些"糊涂"人竟还把这四个字做成小型胸章戴在胸前,以示自己已经很"糊涂"了。

其实,真精明与真糊涂只有一步之遥。小糊涂小精明,大糊涂大精明,不糊涂不精明。

但是,在现实生活中,我们身边经常有这样一些人,好像天底下只有他最精明,而别人都不聪明,无论大事、小事,事事计较,处处谋算,玩弄心术权机。结果,到头来机关算尽,聪明反被聪明误。还有一类人,总在鸡毛蒜皮的小事上精明，东家长李家短，说起话来头头是道，可是一遇大事则不知所措。其结果正如左宗棠所说："凡小事精明，必误大事。"

在现实生活中，还有一种人，表面含含糊糊，小事糊里糊涂，可是心里透亮，一切看得清清楚楚，遇到大事则一点也不含糊，一就是一，二就是二。

在精明与糊涂上有两种人是最可怕的，一种是大智若愚者，一种是大愚若智者。而小事不计较不在乎，非但不计较，反而表面稀里糊涂，大事不含糊的人则属于大智若愚者；而总在小事上精明，或者自以为自己精明而别人都不聪明者，则属于大愚若智者。前者是一种深刻的大智慧，而后者则是一种完全的愚者。

左宗棠的"凡小事精明，必误大事"的认识无疑是一种大智慧。与左宗棠"同乡布衣之交，共事日久，相知最真"的杨昌浚对左宗棠的一生曾做过这样的评价："凡有利于国家之事，知无不言，言无不尽；见无不为，为无不力。"也就是说，在国家大事上，左宗棠特别认真，从未糊涂过。另外，在教育子女这样事关耕读家风能否传延，左家门风能否光大这样的大是大非问题上也从未糊涂过。而在一些小事上，他却很少去计较。比如，在他的一生交往中，胡雪岩是一个比较特殊的人物。如果真要是不分大事小事一概计较的话，胡雪岩的许多行为都是左宗棠所不能容的。但是，左宗棠从未去计较这些，而是只关注粮饷的筹集，别的一概不过问，从而既维持了自己与胡雪岩的朋友关系，又保证了部队的供给。

小事精明必误大事还有另外一层意思，就是，只关注局部，忽视整体和全局，甚至不能从全局的高度和角度来分析问题和解决问题。作为一个普通人来说，也许尚无大的过失，但对一个领导者来说，必然贻害无穷，给事业给国家造成巨大的损失。

同时，我们还应看到，在小事上糊涂，在大事上认真这种道家的智慧，不但在社会生活中能让人从容处事，成就大业，而且在家庭生活中也是一副润滑剂。因为，家庭是社会组织的重要细胞。在家庭中，在很多情况下，是没有什么真理可言的。如果一味地事无巨细，样样件件都要一是一，二是二，教条而死板，没有一点余地和灵活性，那么，这个家庭肯定要出现危机。反之，如果夫妻双方彼此在许多家庭琐事上都装点糊涂，不斤斤计较，再把度掌握好，这个家庭保证温馨和睦，其乐融融。

精妙点评

"糊涂"与"精明"的关系非常微妙，要在不同场合用之，不能在必须办好一件有关全局的大事时，糊涂为之，造成大失误，而是要精明为之，踏踏实实。与之相反，有些生活中的细琐事情，可以糊涂之法待之，不必斤斤计较，死缠不放。

把交际变成成功的资本

> 聪明的人善于把交际变成成功的资本，他们凭借自己的本领最大限度地打通各个环节，以便为自己成大事制造人势。

刘备之所以成功，与他的善交际的本领密不可分，可以讲刘备正是凭借其交际的力量成就了一生的。

刘备（公元161—223年），字玄德，东汉末涿郡涿县（今属河北）人。按照《三国志》所说，他是"汉景帝子中山靖王胜之后也"，他确实是"帝室之胄"。虽然有这么一个"好出身"，刘备的祖父也当过县令，他的父亲好像也做过小官，但因为父亲死得早，他从小就过着清苦的生活。稍长，他就和母亲一起，靠卖鞋、织席为生。

据说刘备幼时即有大志。他家东南角篱笆旁有棵大桑树，远远地就可以望见，有人认为这棵树不同寻常，树下的人家也会出贵人。刘备小时就常和孩子们在这棵树下玩，有一次，他说："我将来一定会乘上漂亮的车，也有像这棵树的大篷盖。"这话被他叔叔刘子敬听到了，呵斥他："别乱说，要灭族的！"

15岁那年，他母亲让他出去读书，老师是曾当过九江太守的卢植，同学中有刘得然、公孙瓒等。刘德然的父亲常给刘备以帮助。公孙瓒与刘备关系很好，刘备拜他为兄。

刘备不怎么喜欢读书，他所喜好的是狗马、音乐，他还喜欢好看的衣服。他也不怎么喜欢说话，喜怒一般不表现出来，但对比他地位更低的人却很和善。他喜好结交豪侠这类人物，所以不少年轻人都和他结交。

他也交上了两位有钱的朋友：中山（今河北定州）的富商张世平和苏双，这两人是做贩马生意的，他们见了刘备，都感觉他气质不凡，于是给他很多金钱。这样，刘备才有了经济条件，用来广招徒众，形成自己的一个团体。

刘备年少时，东汉王朝已经气息奄奄，社会危机日益加剧。汉灵帝中平元年（公元184年），终于爆发了震动天下的黄巾军大起义。黄巾军的目标是推翻东汉的统治，各地的地主豪强纷纷起兵，对付黄巾军。

刘备也参加了对黄巾军的镇压，因立了军功，被任命为安喜（在今河北定州）尉（县中主管军事的官员）。

这是刘备平生第一次做官。然而，他这官当得并不稳，没过多久，朝廷下令，对于因军功而为地方官的，要进行裁汰，刘备自知难免。郡中的督邮（负责对属县监察的官员）到了县中，就是来宣布对刘备的免职通知的。刘备只身前往传舍（招待所），要求见督邮。督邮是个傲慢欺下的家伙，假装有病，不肯见刘备，刘备十分气恼，回到县府，带了一帮人，再到传舍，闯进门去，高叫"我受上级指示治督邮之罪"，把躺在床上的督邮绑了起来，把他带到县衙前，解下自己的官印，套在督邮的脖子上，又把那家伙绑在树上，痛打了一顿，然后准备杀他。督邮苦苦哀求，才免一死。痛打督邮后，刘备知道虽然出了气，但官是当不成了，安喜这个地方也待不下去了，只得弃官亡命。

这就是刘备怒鞭督邮之事，《三国演义》把这事编派到张飞身上，是为了突出张飞的鲁莽和疾恶如仇的性格。从刘备怒鞭督邮这件事，也可以看出他的性格和为人。

不久，刘备又得到了从军的机会，并在和一些反官府武装的作战中立了"新功"，先后当过一些不大的官。

黄巾军主力失败后，东汉的统治也名存实亡，在不长的时间内，发生了众多的事件，天下扰攘，兵祸迭起。特别是灵帝死后，残暴的军阀董卓率部进京，造成极大的破坏。关东（函谷关以东）地区各主要军事势力的头目，结成联盟，声讨董卓。后来，董卓被杀，但局势还是没有安定下来。

这一段时期刘备做了些什么，《三国志》等正史没有清楚的记载，只有裴松之的《三国志》注所引《英雄记》中说，灵帝末年，刘备正在京师洛阳，后与曹操一起到曹的老家沛国（在今安徽亳州一带），招募兵众。又说，关东军讨伐董卓，刘备也是参与其事的。《英雄记》是王粲所作，全书早已不存，要想了解刘备在董卓之乱期间的作为，已是非常困难了。

后来依靠老同学、老朋友公孙瓒（此时已经当了中郎将）的帮助，刘备又做了平原（平原，郡、国名，治所在平原，即今山东平原县）相。在平原相的职位上，刘备表现出一定的治理才能。当时战乱频繁，生产受到大破坏，人民缺吃少穿，生活十分困难。刘备在辖区内注意安定形势，恢复生产。他对于地位低下的"士"即下层知识分子很关心，不摆架子，甚至和他们同坐同吃。这样，他在郡内赢得了人心。当然也有个别人看不起他，如有一个叫刘平的，不把刘备放在眼里，看见刘备声望提高，便使出恶招，收买人去暗杀刘备。那个刺客到了刘备那里，刘备一点也不知道他的用意，对他很好，刺客受到感动，没有下手，还把暗杀企图告诉了刘备。

当时北方群雄割据，最强的势力有袁绍、袁术、公孙瓒、曹操、陶谦等。刘备依附公孙瓒，而袁绍先拣公孙瓒打，结果，刘备就跟随他的上司田楷被迫东移。曹操为父报仇，攻打陶谦，陶谦向田楷求助，刘备随田楷救援陶谦。这时，刘备自有部下千余人，还有少量的少数民族骑兵，又抓到饥民数千人，补充到队伍中去。陶谦给了他四千人马，刘备就脱离了田楷，归于陶谦。不久，陶谦病死，临终前遗言"非刘备不能安此州也"，徐州地方人士也都劝刘备担起此任，于是，刘备就拥有了徐州。

公元196年，曹操采取了一个有巨大影响的举措，把无家可归的汉献帝迎到许都（今河南许昌），"挟天子以令诸侯"，从此，曹操名为汉相，实为太上皇。这一年，曹操上表（意为向汉献帝举荐，要他批准，实际上是走个形式）刘备为镇东将军，封为宜城亭侯，刘备从此成为天下群雄中的一员。

刘备所占据的徐州在今山东南部、江苏北部一带，是战略要地，兵家必争，吕布、袁术等都向这里派兵，刘备受到严重威胁。吕布是一员虎将，刘备被他打败，逃到曹操那里，曹操让他当了豫州牧（牧是州的最高长官）。

曹操亲自出征，和刘备一起打败了吕布。消灭吕布后，刘备随曹操回到许都，仍然受到曹操的厚待。

汉献帝在曹操的控制之下，并不甘心，他的舅舅（实际上是汉灵帝的母亲董太后的侄儿，汉献帝称呼为舅）董承暗中以他受了献帝藏在衣带中的密诏，要他设法杀掉曹操为由，暗中进行联络，刘备也知道此事，但他没有向曹操揭发。一天，曹操宴请刘备，对他说："天下英雄，就是你和我曹操两个，像袁本初（袁绍字本初）这种人，都是不足道的。"心中有鬼的刘备闻此大惊，以为曹操知道了什么，一时过于紧张，连手上的筷子都掉了，幸好当时打了一个响雷，刘备才借机掩饰过去。这就是《三国演义》中写得非常精彩的"曹操煮酒论英雄"。

这一来，刘备知道曹操并未小看自己，早晚会有危险，反倒更积极地参与了董承一伙的密谋，但当他们准备动手时，刘备正好到外地"出差"。结果，董承一伙未能成功，反倒被曹操发觉，曹操将他们一网打尽，只有刘备幸得不死。

刘备又逃回徐州，因为他在这里有基础，所以势力扩大，日见强盛。

建安五年（公元200年），曹操亲自出征，打败刘备，俘获了他的妻子，连刘备的猛将关羽也当了曹操的俘虏。刘备无奈，只好归附袁绍，袁绍亲自从邺城跑出200里地迎接他，他那些失散的部下也逐渐归集。这时，曹操与袁绍相持于官渡（在今河南中牟），关羽也乘机逃脱，回到了刘备身边。

曹操打败袁绍，又攻刘备，刘备招架不住，只好逃到荆州刘表那里。刘表也出城相迎，待以上宾之礼，为他增补兵力，让他屯驻于新野（今属河南）。

刘表对刘备的礼遇只是一种表象，骨子里对他并不完全放心，心中是有戒备的。刘备在荆州闲住多年，没有战事，有一天在刘表那里，去了一趟厕所，见自己的大腿根上长出了肥肉，不觉感慨万千，眼泪都流出来了。回到座上，刘表见他面带悲戚，就问他为何如此，他说："以往我是身不离鞍，现在马骑得少了，以至髀里生肉，由此想到日月飞逝，人一天天老了，而功业还没有建立，所以心中生悲。"由此可以看出刘备确是心有大志，从未消沉。

然而这话对刘表讲，只能增加刘表对他的疑忌。当然，刘表一直以同宗兄弟的关系对待刘备，他又是个书生出身的人，缺乏果决，再说，他还要顾及名声，也不会轻易对刘备下毒手。但刘表手下的一些人害怕刘备势力扩张后对他们不利，一心要尽早除掉他。据说，有一天，刘表的妻弟蔡瑁等设下埋伏，想在宴会上杀他，刘备发觉，以上厕所为名逃出，要不是他所骑乘的那匹名为"的卢"的快马，刘备恐怕是难以逃生的。当然，这个故事的可靠性是值得怀疑的，但它也多少反映了刘备寄人篱下，无法安宁的处境。

精妙点评

一个人的交际力量与其成大事密切相关。这一点万不可忽视！如果在人际交往方面下功夫，可以解决许多难题！

找到人才就有了一切

在人际交往中，要善于为自己找到人才，靠人才成就心中事，此为智者所为。所以，人际交往不仅是只为多交聊天的朋友，而是要找到能做事的人才。这是人际关系的一门学问。

先秦时四大公子各养门客数千人，以应付各种事务。曾国藩的麾下也集中了许多优秀的人才，薛福成说曾门幕府是"播种之区"，"众流之汇"，"故其得才尤盛"。曾国藩和谋士之间首先有合作的愿望，可以说是一种相互倾慕、相互追求的关系。曾国藩认为，远而言之则天下之兴亡、国家之强弱，近而言之则兵事、饷事、吏事、文事之成败利钝，无不以是否得人为转移。故多年爱才如命，求才若渴，为吸引和聘请更多更好的幕僚尽了很大努力，做了大量工作。他于率军"东征"之始，即号召广大封建知识分子奋起捍卫孔孟之道，反对太平天国，盛情邀请"尊道君子"参加他的幕府。其后行军打仗，每至一地必广为访查，凡具一技之长者，必设法罗至，收为己用。闻有德才并称者，更是不惜重金，驰书礼聘。若其流离失所，不明去向，则辄具折奏请，要求各省督抚代为查明，遣送来营。曾国藩与人通信、交谈，亦殷殷以人才相询，恳恳以荐才相托，闻人得一才羡慕不已，自己得一才喜不自胜，遂有爱才之名闻于全国。

  由于曾国藩精研百家，兼取众长，早在青年时代即已"道德文章"名满京师，称誉士林；加以其后出办团练，创建湘军，"战功"赫赫，威震天下，遂被封建统治阶级视为救星，受到不少知识分子的崇拜。由于清王朝政治腐败，等级森严，藩篱未除；加以取士不公，仕途壅塞，遂使一大批中小地主出身的知识分子空有一片"血诚"，满腹才华，而报国无门，升发无望，不得不千方百计地为自己另外寻求政治上的出路。有的知识分子非但升发无望，且身遭乱离之苦，徙无定居，衣食俱困，亟需庇护之所，衣食之源。还有一部分知识分子，既无升官发财之念，亦无饥寒交迫之感，甚或已是学问渊博，名满士林，却仰慕曾国藩的大名，以一与相识为乐，一与交游为荣。所有这各类人物，他们闻曾国藩能以诚心待士，破格用人，便纷纷投其麾下，入其幕府。

  同时，曾国藩同幕僚之间也是一种相辅相成的关系，幕僚们助曾国藩功成名就，曾国藩使幕僚们升官发财。多年来，幕僚们为曾国藩出谋划策、筹办粮饷、办理文案、处理军务、办理善后、兴办军工科技等等，真是出尽了力，效尽辛劳。可以说，曾国藩每走一步，每做一事，都离不开幕僚的支持和帮助。即如镇压太平天国一事，他之所以获得成功，并非靠他一人之力，而是依靠一支有组织的力量，其中他的幕僚尤占有一定比重，起了相当大的作用。现仅以曾国藩直接指挥的一个湘军支派"曾湘军"为例。它连下安庆、江宁两座省城，为清王朝镇压太平天国革命立下第一功,是湘淮军中最为突出的一支。如果把它比喻为一个人的话,曾国藩及其幕府恰如它的头和躯干,作战部队则恰如它的四肢。四肢不仅靠头脑支配其行动,还要靠躯干供应其营养。西汉初年刘邦在向诸将解释为什么张良足不出户而封赏最高时,曾把战争比为狩猎,以猎人喻张良,以猎犬喻诸将,称指示之功胜于奔走之劳,诸将为之悦服。而在安庆、江宁两役中,曾国藩的幕僚则不仅有指示之功,尤有筹饷之劳,可谓功兼张(良)、萧(何)。自咸丰十年(公元1860年六月)至同治三年(公元1864年)六月,四年之中曾国藩报销军费一千六百多万两,其中绝大多数来自厘金与盐税。这笔巨款主要靠幕僚筹集,没有它湘军早已饥溃,何成功之有?曾国藩所谓"论功不在前敌猛将之后",绝非夸大之词,至于曾国藩刊行《王船山遗书》和《几何原本》等重要书籍,引进西方科学技术、兴办军事工业等,更是离不开幕僚的努力。否则,他很难挣得洋务派首领的地位。

曾国藩对幕僚的酬报亦为不薄。众幕僚入幕之初,官阶最高的是候补道员,且只是个别人,知府一级亦为数极少,绝大多数在六品以下。他们有的刚被革职,有的只是一般生员,还有的连秀才都不是。而数年、数十年间,红、蓝顶子纷纷飞到他们头上,若非曾国藩为他们直接间接地一保再保,是根本不可能的。李鸿章的经历就最能说明这个问题。他于咸丰八年(公元1858年)末入曾国藩幕,后又因故离去。郭嵩焘劝他说:"此时崛起草茅必有因依。试念今日之天下,舍曾公谁可因依者?即有拂意,终须赖之以立功名。"李鸿章听其劝告,重返曾幕。果然,青云直上,步步高升,一二年间位至巡抚,五六年间位至钦差大臣、湖广总督,同曾国藩之间已是双峰对峙,高下难分了。试想,如果李鸿章不回曾幕，能够如此顺利吗？恐怕要谋得按察使实缺亦并非易事，虽然他此时已是未上任的按察使衔福建延建邵道道员。

当然，曾国藩同幕僚之间这种关系的维持是有条件的。那就是曾国藩要尊重幕僚，以礼相待；而幕僚也必须忠于曾国藩，绝不许中间"跳槽"，改投新主。说明这种情况的最为典型的事例，是冯卓怀的拂袖而去和李元度的被劾革职。冯卓怀是曾国藩的老朋友，一向对曾国藩非常崇拜，为了能朝夕受教，曾放弃条件优越的工作去当曾国藩的家庭教师。曾国藩兵困祁门之时，冯卓怀又放弃四川万县县令职位，投其麾下，充任幕僚。后因一事不合，受到曾国藩的当众斥责。冯卓怀心不能堪，决心离去，虽经曾国藩几次劝留皆不为所动，最后还是回家闲住，宁可丢官职也不能忍受曾国藩对自己的无礼举动。李元度是曾国藩最困难时期的少数幕僚之一，数年间患难与共，情逾家人，致有"六不能忘"之说。不意其后曾国藩两次参劾李元度，冷热之间悬若霄壤。究其缘由则不外"改换门庭"四字。

精妙点评

人们由此不难看出，曾国藩同幕僚的关系，归根到底还是主从关系，其维系纽带全在私谊。私谊对他们双方来说，都是神圣的，高于一切的，任何一方如有违背，这种关系即会解除，甚至造成私怨。

多一个朋友多一条路

> 多一个敌人多一分凶险一个人如果结交了好朋友,就可以患难与共,相互砥砺,它不仅可以成为情感的慰藉,也可以成为事业成功的基石。刘伯温在一封信中说:选择朋友是人生第一要事,必须选择志趣远大的人。

刘伯温的处世经可以说是他广交朋友的处世经。他的立功、立言、立德三不朽也可说是在朋友的相互砥砺和影响下取得的。因此,他深刻领会到了人生择友的重要性。所以无论是在生活、为学,还是在事业上都时时注意广交益友。

在刘伯温看来,慎交友的原因是"相友可知人","习俗染人"。他曾这样说:看到你的朋友,就可知道你的为人,朋友的好坏,是可以互相影响的。一个人在世上若有几个好朋友,相互帮助和交流,生活和事业就可能有好的局面;相反,若交了坏朋友,受到坏习气的影响,生活和事业就可能出现坏的局面。所以人才总是一批一批地出现,在某一个时代人才辈出,在某一地区人才辈出。这并不是因为这个时代比另一个时代的人更杰出,这个地区的人比另一个地区的人更优秀,而是因为这个时代或这个地区的人团聚在一起,相互激发,相互砥砺,才出现了一个令人钦慕的群星灿烂的好局面。

所以,要了解一个人,不一定非得观察这个人,只要看看他所结交的朋友就可以了。这就是"相友而知人"。古时候楚国就有一个这样的人。他给人看相十分灵验,名声很大,大得楚庄王知道了,把他传召到了宫中。庄王问他:"你是怎样给人看相的?怎样能预知他人以后的吉凶呢?"他回答说:"我不会给人看相,不过是从他所交的朋友来判断他的未来。一般老百姓所交的朋友,如果是孝敬父母,尊兄爱弟,不违法纪,那么他家就会一天一天兴旺起来,所以判定他日后必有福。这就是所说的好人。一般当官的,如果他所交的朋友讲信用,重德行,那么他就会帮助君王做出许多有益于国家的好事来,所以可以判定他可以升官。这就是所说的好官。君王圣明,大臣贤能。如果君王有失误,大臣们会当着您的面直言劝谏。那么国家就会一天天兴盛起来,君王也一定受人尊敬。这样的君王才是好君王。我不会给人看相,只不过能够观察他所交的朋友的情况。"

《史记》说:"不知其人,视其友。"实在是经验之谈。因此,虽然你是好人,若是交了坏朋友,也不得不时常防备别人也把你当成坏人,或是影响了自己的事业,或是无辜地坏了自己的名声。

那么,什么样的人可交呢?古人谈交友不外三个方面,一是贤,二是善,三是好学。

三国时名人刘廙说:"夫交友之美,在于得贤。"南宋朱熹对他儿子说:"见人嘉言善行,则敬慕而记录之;见人好文字胜己者,则借来熟看,或传录之,而咨问之,思与之齐而后已。不拘老少,唯善是取。"明代名人杨继盛这样训谕他的两个儿子:"拣着老成忠厚、肯读书、肯学好的人,你就与他肝胆相交,语言必相逐,日与他相处,你自然成个好人,不入下流也。"

所以交朋结友,不可不选而择之。古人对正反两方面的经验都说得至为透辟,不妨录而鉴之。其实真正的朋友是很少的,他们相知、相亲和相敬,同甘共苦。刘伯温最称许管仲和鲍叔牙这样的朋友。

鲍叔牙是齐国大夫,以知人著称,少时与管仲结为挚友。齐桓公上台后,任命鲍叔牙为宰相,他辞谢不受,力荐管仲。齐桓公因重用管仲,得以称霸诸侯。

这一年,鲍叔牙病逝,管仲闻讯大哭,泪如雨下,有人问管仲:"你与鲍叔牙既非君臣,又非父子,为何如此伤心?"管仲抽泣着说:"你有所不知,鲍叔牙是我最崇敬的知心人。我曾与他同去南阳做小买卖,无赖在街上三次羞辱我,他不认为我怯弱怕死,知我想干一番事业才甘心受辱;他曾与我一起面谏先王,先王不听,他不认为我想法不对,知我生不逢时;他曾与我一起共分一笔钱财,我拿的比他多三倍,他并不认为我贪婪自私,知我家境贫窘。真是生我者父母,知我者鲍叔牙。士为知己者死,我的悲哀又算得了什么?"

刘伯温在给友人的信中写道:"交际之道,与其失之滥,不若失之隘。"

精妙点评

交友贵多,树敌务少。但这要看是什么样的朋友,如是贤友,志同道合,共同促进,那当然是多多益善;如是顽徒,志趣低下,见利忘义,那显然是不可相许。自古就有鸟必择木而栖的古训。

宽以待人得人心

> 与人交往，当以"取长补短"为好，只有这样，才能使各逞其能，人尽其才，使全社会的人力资源得到最充分的利用。而要如此，作为一个领导者必须有宽阔的胸怀和容人的气度。那种"小肚鸡肠"是用不好任何一个人，也是成不了大事的。

谦让，不仅要让，而且要包容。对此，清代林则徐曾写过一副堂联："海纳百川，有容乃大；壁立千仞，无欲则刚。""有容"，即有宽广的胸怀，宽以待人；"乃大"指胸怀宽广之人，必如江海之大，容纳百川，成我大事。古今无论是卓越的政治家，还是杰出的企业家都是既能用人之长，又能容人之短的。用人处事倘若看不到别人的长处，听不进不同意见，一有缺点就贬，一有过失就免，这样"则世无可用之人"。特别令人厌恶的是看到部属做出了成绩，超过了自己，就妒忌，就排斥，或者贪部属之功据为己有，则必大失人心，众皆离异。所以，凡是深得人心的领导者，被人称道之处就在于他们的胸怀大度，宽容待人。或者说，凡是胸怀大度者，必人归如涌，事业有成。

《东周列国志》载：春秋时，秦穆公曾出猎于梁山，夜失良马数匹，使吏求之。寻至岐山之下，有野人三百余人，聚而食马肉。吏不敢惊之，趋报穆公："速遣兵往捕，可尽得。"穆公叹曰："马已死矣，又因而戮人，百姓将谓寡人贵畜而贱人也。"乃索军中美酒数十瓮，使人赍往岐下，宣君命而赐之，曰："寡君有言：'食良马肉，不饮酒则伤人。'今以美酒赐汝。"野人叩头谢恩，分饮其酒，齐叹曰："盗马不罪，更虑我等之伤，而赐以美酒，君之恩大矣。何以报之！"至是，闻穆公伐晋，三百余人皆舍命趋至韩原，前来助战。恰遇穆公被困，一齐奋勇救出。此战，秦转败为胜，穆公脱险，正是得力于容人之力。

罗贯中笔下的周瑜是一个气量狭小的典型，当其发现诸葛亮才智过人时，便高呼："既生瑜，何生亮。"当诸葛亮借得东风，率人离去时，周瑜急派人"追杀孔明，以绝后患"；后追杀不及，诸葛亮乘船归去。周瑜由此大病，不久身亡，时年仅35岁。可见其气量何等狭小！也可见气量狭小之害。其实，历史上的周瑜并不像罗贯中笔下描绘的那样。据史料载，他"性度恢廓，大率为得人"。起初，程普自恃功高年长，瞧不起周瑜，甚至"数陵侮瑜，瑜折节容下，终不与校"，感动了程普。"普后自敬服而亲重之，乃告人曰：'与周公瑾交，若饮醇醪，不觉自醉。'时人以其谦让服人如此。"可见，史学家笔下的周瑜是很有一些大政治家的气量的。也可见，气量"恢廓"之利。两种描述，两种胸怀，虽同为一人，却从正反面说明了"有容乃大"之于用人的极其重要的意义。

但是，有这么一种人在此值得一提，即，当其处于逆境时，其度量之大，能纳百川；而当其处于顺境时，其气量之小，不及鸡肠。最典型的莫过于明时朱元璋"炮打功臣楼"，汉朝吕皇后设计杀韩信，正所谓"狡兔尽，走狗烹"。对此，唐时魏征多有论述。魏说："怨不在大，可畏唯人，载舟覆舟，所宜深慎。"魏征认为，过去许多国君，创业时谨慎待人，一旦大功告成，即傲视他人，视兄弟如路人，视部属如仇敌。

这样，部属表面恭敬，心里怨恨。怨恨不在大小，可怕的是人心向背，水能载船，也能覆船，你不容我，我又何能容你！

当然，任何宽容都不是无边无际的，它有两个最基本的原则。一是"取其精而忘其粗，重其内而忘其外"。即看其内在的实质，而不看其外在的虚华；看其是否具有事业所需要的最基本的品质和智能，而不拘于些小的弱点和缺陷。二是"容错不容罪"。容人之短、容人之错是因为其"短"、其"错"不影响其实质，而如果一个人本质恶劣危害人民，犯下十恶不赦之罪，则万万不可容忍，否则，便是对人民的犯罪。即使其具有一技之长，也不可因以赦罪，至多可在其教育改造中，给予利用一技之长戴罪立功的机会。

"世无废物，人无废人"，是说世间万物皆有其用，无一为废；芸芸众生，皆有可用之人，无一可闲。有些人，看起来无用，实际上是人们未识其可用之处，正如古人所说："山木自寇也，膏火自煎也。桂可食，故伐之；漆可用，故割之。人皆知有用之用，而莫知无用之用也。"

其实，有用无用要做具体分析，各人有各人的才识，各人有各人的长短，在此种条件下，他可能显得"无用"，而在另一种条件下，却可能是不可缺的能手。这里所指条件，一是，时之不同，用之不同。这里所指的"时"，一为时机，即时机未到，待而观望，时机一到，立露身手。二为时间，人之成长，有一个时间过程，时间不至，才识不熟，难以为用，而一旦时至成熟，则可能胜任愉快。三为时势，太平盛世，可显露许多治世良才，而难以发现兵战良将；相反，纷战乱世，可显露许多兵战良将，可又较难发现治世良才。毛遂自荐之前，不仅长期闲而无用，而且食则要鱼，出则要车，其欲难足。而自荐以后，却于急难之中立有大功，使人刮目相看，视为大才。我国湖南省红安县在近代出将军203人，而在此之前，千万人中才者难显其一，长期默默无闻，非是无才，确为时势所致。二是事之不同，用之不同。物之不同，各有其用；人之不同，各有其能。如果不据其能，而任意支使，则大多能、事不合，而显其无用。《韩非子·杨权》篇中说："夫物者有所宜，材者有所施，各处其宜，故上下无为。使鸡司夜，令狸捕鼠，皆用其能，上乃无事。上有所长，事乃不方；矜而好能，下之所欺；辩惠好生，下因其材。上下易用，国故不治。"意为物有所宜，才有所施，只有各处其宜，才能各显其能。而如果颠倒错用，使鸡捕鼠，令狸司夜，则必显其无用。三是识之不同，用之不同。未识其能，视为无用，而识之其能，则可能视为"大才"。而且，识其一面，仅知其一面之能；而识其全面，则知其全面之能。诸葛亮闲居隆中，躬耕陇亩，如果不为刘备所识，恐怕也不会"三顾茅庐"，至今也不会在世上流传一个聪明智慧的象征——诸葛孔明。有一位著名歌唱家起初人们只知其善舞，不知其能歌，后来，她改行为歌唱演员，人们才知其不仅善舞，而且能歌，便迅即奉为"歌唱之星"了。这正如古人所说："玉札丹砂，赤箭青芝，牛溲马勃，败鼓之皮，俱收并蓄，待用无疑者，医师之良也。"可见，一个良医，不仅应看重"玉札丹砂"，而且也应看重"牛溲马勃"，后者看起来，似无大用；而一旦差缺，可值千金。物之如此，人也一样，常常在其失去之时才显示其存在的价值。所以，正如俗话所说，要"听其无言之言"一样，要"识其无用之用"。

学会谦让，学会释争，就能明白什么是真正的用人之道。比如在同一个部门里，有人勤劳，有人懒惰，有人活泼，有人安静，有的效率高，有的却相反。但有这么六种人，为人不可谓不好，但总得不到重用、提拔。为什么呢？这几种人就值得自我反省了。

第一种人精于工作，也有知识、技术和才华，能得到一些同事的喜爱与尊重。但由于工作性质或人事结构，使他的知识、才能得不到发挥。他学的知识完全与工作挂不上号。别人升迁、加薪、晋级，他却只是增加工作量。对这种境遇，他早就不满，也早就想找个能发展自己的地方或工作，但他不能大胆陈述、努力捍卫，而只是拐弯抹角地讲一讲，信息得不到传达，或根本被上司忽视了。一切全因为他像一只绵羊温顺驯服，不知明天的自我在哪里，一切等别人来使之变化。

第二种人工作任劳任怨，认真负责，可是他的工作很少人知道，尤其他的上司。别人可以用他的成绩去报功、请赏，可他还是无大作为。他内心也想到荣誉、地位、薪水，但没有学会如何使人注意到自己，注意到自己的成绩、成就。一些坐享其成的人在撷取他的才智成果，他只会面壁垂泣。

第三种人不能说不自信，甚至是自信过了头。在工作上很能干，表现也很不错，却看不起同事，用不愉快、敌视的态度跟人相处，与每个人都有点意见冲突。行为上太放肆，干涉、骚乱别人。大家对这种人"恨而远之"。他的好办法，好成绩，人家也全不理会。

第四种人可能心不在焉地工作，时常迟到早退、拖延工作或者东游西荡打发工作时间。毛病不在于他做不好工作，在用心时，他的工作是第一流的，只是因为并不促使自己恰如其分地工作，所以他根本就没有发挥自己的潜能。由于自制行为有了问题，使他形成不良的工作习惯，阻碍了他的升迁晋级。善于总结工作的人，常怪他为何不能做得更好。

起初，上司或许也有点失望和惋惜，可到了后来也不抱什么希望了。上司总是想方设法把这种人打发走，或者调到无足轻重的岗位上去。

第五种人一边埋头工作，一边对工作不满意；一边在完成任务，一边愁眉苦脸。让人总觉得他消极、被动，而上司认为他是个干扰工作、爱说牢骚话的人，只知道对工作环境和同事的工作发牢骚，泄怨愤。也许他希望工作和环境秩序好一点，却不能在适当的场合，用适当的方式认真提出来，而只一味地抱怨。同事认为他难相处，上司认为他不顺手。结果升级、加薪的机会却被别人得去了，他只有"天真"的牢骚。

第六种人对任何请求，都笑脸迎纳。别人请他帮忙，他总是放下本分工作去支援，自己手头落下的工作只有另外加班。他为别人的牺牲不少，但很少得到别人与上司的赏识，背后还说他是无用的"老实头"。对自己的权利、利益从来不知道去维护，也不敢去争辩。在别人面前不会说"不"，把许许多多不能完成的工作都压到自己身上，全然不知道向别人提出来。到头来心中感到委屈、不好受，只能到家中向妻儿发"犟脾气"。

精妙点评

做人需要有宽容之心，不要计较自己得失，才能得到自己想要得到的一切。

第二章

攻守转换：每一招都用到点子上

做事要有攻守转换之计，不能够停留在死板教条的陷阱中，因为事情总有各方面的不确定性，你固守一法，就无做成的希望。所谓攻守转换，是指做事必须知己知彼，不能凭着感觉四处乱撞，而是要会把每招都用到位，用到点子上。不能如此，则可能浪费精力，是愚笨者的错误。兵书上历来讲攻守转换，可用于各方面。聪明人善为之，并且能达到出神入化的程度。

知道别人想什么，就知道自己做什么

> 做人办事必须有攻守转换之计，即透过"知己知彼"的方法，取得"百战不殆"的效果。《兵法·谋攻篇》说："知己知彼，百战不殆；不知彼而知己，一胜一负；不知彼，不知己，每战必殆。"既了解敌人又了解自己，百战都不会失败；不了解敌人而只了解自己，胜败的可能各半；既不了解敌人，又不了解自己，必然每战必败。孙武以简洁鲜明的语言，指明了掌握敌我双方情况，对战争胜负的重要意义，揭示了唯有心中有数，方能永远立于不败之地谋攻。

三国时期，刘备三顾茅庐，请得诸葛亮出山。诸葛亮为刘备认真分析了竞争对手的情况，他指出：在当时的割据军阀中，曹操已"拥有百万之众，挟天子以令诸侯"，力量最为强大，刘备暂时还无法与之争锋；"孙权据有江东，已历三世，国险而民附，贤能为之用"，只能联合而不能谋取。可以夺取的战略据点，只有荆、益二州。荆、益二州是用武之地，天府之国，更重要的是统治荆、益二州的刘表和刘璋，软弱无能，不得人心，完全可以取而代之。然后，诸葛亮为刘备提出完整的大略方针：占领荆、益二州，作为立足之地；然后，"西和诸戎，南抚夷越"，妥善处理好同少数民族的关系；"外结好孙权，内修政理"，搞好内政外交,发展实力;待时机成熟,就从荆、益二州兵分两路,进取中原,统一全国。这就是著名的《隆中对》的内容。刘备对诸葛亮的谋划大为赞赏,拜请他照此办理。后来的历史进程证明,诸葛亮对敌我双方特别是竞争对手的分析,是正确的。刘备的政治生涯,正是遵循这一路子取得发展的。

只要做到"知己知彼",就会做到百战无不利。《三国演义》中诸葛亮的锦囊妙计正说明了这个问题。当时赤壁之战,孙、刘联合抗曹,大破曹军,暂时解除了北方的威胁。之后,孙、刘之间开始了荆州的争夺。当时,刘备中年丧偶,失去了甘夫人。周瑜得悉这一消息,便向孙权献上一计,派人前往荆州向刘备说媒,假意将孙权之妹嫁给刘备,然后骗刘备至东吴招亲,扣为人质,逼还荆州。孙权派吕范前往提亲,刘备"怀疑未决"。但诸葛亮胸有成竹,料知东吴之谋,让刘备答允这门亲事,而且会使"吴侯之妹,又属于公;荆州万无一失"。然后,诸葛亮坐镇荆州,令勇将赵云带500兵士,保驾刘备招亲。临行前,诸葛亮授与赵云三个锦囊,并嘱咐赵云按囊中"三条妙计,依次而行"。赵云牢记军师嘱咐,依锦囊所授之计而行,使刘备东吴之行化险为夷,顺利招亲,得了"佳偶",而且安全返回荆州。使孙权、周瑜落得个"赔了夫人又折兵"的结局。

人们佩服诸葛亮料敌如神,计谋高超绝伦。其实,诸葛亮是在完全了解吴国君臣的心计情况下订立的妙计。首先识破"提亲"是骗局,便将计就计,大造舆论、声势,搞得沸沸扬扬,搞成既成事实,迫使孙、周哑巴吃黄连,只得弄假成真。其次,他深知刘备戎马半生,丧偶又得佳丽,会沉溺安乐,"乐不思蜀";同时又深知孙、周会因此利用荣华安乐、声色犬马软禁刘备,因此设了第二条计。其三,他料定刘备逃出,孙、周绝不肯善罢甘休,会派兵追回刘备等人,因此设立了第三条计,让刘备请出孙夫人出来退兵。

刘备招亲过程中,刘备、赵云等人能够处处主动,步步占先,就在于有诸葛亮的三条锦囊妙计。诸葛亮之所以能在事情发生之前预先定下应付妙计,是由于他对事态的发展有着高度准确的预见。他这种先见之明,绝非来自主观臆断,而是来自对己方和彼方情况的深入了解以及对事态发展的符合逻辑的透彻分析。

精妙点评

由此可见,在兵法上强调"知己知彼",在做人办事时同样如此——只有知道别人想什么,才知道自己干什么。

因人制宜,攻守不会乱

历代兵家,对因人制宜的研究最为到家。兵家所说"怒而挠之""亲而离之""卑而骄之"就是一个证明。"怒而挠之",如果敌将性格暴躁,就故意挑逗、辱骂使之发怒,使之情绪受到扰乱不能理智地分析问题,暴露破绽,进而相机歼灭;"亲而离之",如果敌

> 军上下团结一心，那么，就要利用或制造矛盾，进行离间，使之离心离德，分崩离析，从组织上削弱敌人；"卑而骄之"，如果敌将力量强大，且骄傲轻敌，可以用恭维的言辞和丰厚的礼物示敌以弱，助长其骄傲情绪，等其弱点暴露以后，再出其不意地攻打他。

相传在宋朝时，有一年，北辽政权的八个侯王带领十万番兵进犯中原。辽兵在距边关十里处扎下营盘，随后派两名番兵到宋营下战书，这份战书只是一副对联的上联，说宋朝如有人对出下联，马上收兵，绝不食言。

宋营将士拆开战书，只见那上联写道："骑奇马，张长弓，琴瑟琵琶八大王，王均在上，单戈便战。"宋营将领相互传阅，无一能对。这时，地方上一位私塾先生听到了消息，星夜赶到宋营，写出了下联："伪为人，袭龙衣，魑魅魍魉四小鬼，鬼都在旁，合手即拿。"答书送走之后，宋营将领对番兵八大王作了初步分析，从战书上可以觉察到他们目空一切，傲气十足。看到答书之后，一定恼羞成怒，自食其言，不但不会退兵，还可能来偷营劫寨。于是，做了充分准备，设下埋伏，并分兵攻打番营。番兵取回战书，主将一看，果然暴跳如雷，连夜偷袭宋营。最后，偷袭不成遭暗算，自己的营盘又被偷袭，进退无路，不战自溃，八大王有的阵亡，有的被擒。这一故事，是因人制宜方略的成功范例。

元朝末年，各地农民起义军风起云涌。经过各地农民军，特别是北方红巾军的致命打击，元王朝气息奄奄，死日将近。这时，朱元璋已经羽翼丰满，并踌躇满志。但他的东西两面，各有一支劲旅，构成了巨大威胁。西面是张士诚，东面是陈友谅，陈友谅拥有江西、湖广之地，是当时疆土最广、军力最强的势力，他野心最大，早有吞并朱元璋之意。他还派人与张士诚联系，彼此联合，东西夹击朱元璋。朱元璋如何攻守呢？

关于攻守要诀，朱元璋的高参刘伯温在其《百战奇略》中，将它运用于战争，是指导战争的一条重要方针。刘伯温认为：

凡是作战中，所说的防守，是了解自己的结果。知道自己没有作战获胜的可能，那么我军就应该稳固防守，等待敌军出现破绽劣势的时候，再出击打败它，这样就没有不获胜的道理。兵法上说：知道作战不能获胜就应该全力防守。

战争中的守绝非单纯意义上的被动防守，守的目的在于等待进攻之敌出现疏漏，而后乘机一击，反客为主。孙子在《孙子兵法·军形篇》中写道："不可胜者，守也；……善守者，藏于九地之下；……故能自保而全胜也。"说的是硬打不能取胜的，就要防守严密。善于防守的人，隐蔽自己的兵力如同深藏于极深的地下，只有这样，既能够保全自己，而又能夺取胜利。战争中的攻守转换，瞬息万变，顺则攻，逆则守，关键在于能否取得最终的胜利。刘伯温总结出知彼则攻，知己则守，是把《孙子兵法》又向纵深推进了一步，把攻守上升到知战的境界之上，充分表现出守战在战争中的重要地位。这种攻守思想对朱元璋夺取天下起了很大的作用。

朱元璋与群臣冷静地分析了竞争对手的情况，制定对策。他们认为：

陈友谅傲气十足，张士诚气量狭小；傲气十足的人好生事，气量狭小的人没有远大抱负。假如先攻张士诚，那么，张军就会顽强坚守，东面的陈友谅必然倾全国之兵，围攻过来，处于腹背受敌的艰难境地。反之，先攻陈友谅，气量狭小、无大志向的张士诚肯定拥兵自保，静观其变。陈友谅孤立无援，必败无疑。陈友谅兵败，张士诚则成为囊中之物，伸手可得。

从这种分析出发，朱元璋首先与陈友谅在鄱阳湖摆开战场，张士诚果然袖手旁观。朱元璋以全力对付陈友谅，获得全胜。之后，朱元璋又发兵打败了张士诚，从此再也没有能与之抗衡的力量。朱元璋乘胜进军，向元统治中心大都进发，推翻元朝，建立明朝。

中外历史上那些懂得攻守之术的人们，一般都能够"知己知彼"。他们晓得自己的力量比较弱小，不足以与竞争对手力敌抗衡，只得隐藏大志，屈身示下，以求一退。越王勾践知道越国的力量抵不过吴国，不得不降一国君主的身份而为奴，卧薪尝胆，历尽艰辛；燕王朱棣（朱元璋之子）知道自己的力量还不足以与朝廷抗争，因此，学疯装傻，忍辱负重；身陷袁世凯软禁之中的蔡锷，知道自己在北京无一兵一卒，欲想倒袁必须出走，于是终日出没于烟花柳巷，耗费巨资置地买房，摆出一副不闻政治、胸无大志、沉溺酒色的样子，但他最后却揭竿而起，坚决讨袁。

精妙点评

知己知彼的目的，在于胜彼，战胜竞争对手。为此，在知己知彼的基础上，就要根据对手的特点，因势利导，相机行事，即因人制宜。兵家的因人制宜之术，在其他社会竞争领域未必是全部适用的。但其冷静理智的处事精神，还是普遍通用的。无论在哪一个社会竞争领域，都应该依据竞争对手的心理特点，知己知彼，相机行事。

心中有数，就会占得主动

善为事者，时时心中有数，绝不在没有算计的情况下，随意出手，否则就叫乱出手。当然，一个人善于抓住时机，见机而进，固然是英雄本色，但急流勇退，能见好就收，适可而止，也是智者之举。这一切都取决于心中之数。适可而止，就是在竞争事业中，时刻注意和自身利益相统一的数量界限，绝不超过度，绝不使事情发展到反面。同样，为人处世都有一个保持质的数量界限，也就是度。超过或者不及，都会使事物的性质发生变化。度的存在，要求我们无论做何种事情，那应有个数量分析，做到"胸中有数"，方可攻守转换。

魏晋时期的大军事家曹操，深知适可而止之道，《三国演义》讲道，曹操攻下张鲁的老巢——南郑，取得重大军事胜利。这时，谋士们纷纷进言，劝曹操乘胜进军，直取益州。主簿司马懿认为，刘备刚刚灭了刘璋的力量，但全蜀上下并未归心。益州一胜，乘势进兵，刘备之军势必瓦解。如此天赐良机，不可失去。谋士刘晔也认为，一旦错过战机，刘备安定蜀民，据守关隘，恐怕难以消灭。

但曹操不以为然。他认为夺取益州的时机还不成熟，应适可而止，"按兵不动"。因为刘备虽然刚刚夺取成都，但军力旺盛，士气很高。另外，尽管孙刘两家矛盾不断激化，但一旦曹操的拳头伸得过长，后方空虚，那么，坐山观虎斗的孙权绝不会袖手旁观，失此良机。他们很可能绕过荆州直袭许昌。为此，不能头脑发热，图一时痛快，而应该审时度势，见好就收。后来事态的发展，也确实如此。只是因为曹操的正确预见和决策，没有吃亏上当。

和曹操形成鲜明对照的，是刘备。

东吴计杀关羽夺取荆州之后，刘备怒而兴师，发动伐吴之战。虽然这场战争的发动是不谨慎的、但在战役之初，刘备凭借优势兵力，有利地势，以及在报仇雪恨思想指导下一时激起的高昂士气，攻城夺地，捷报频传，在政治上和军事上都赢得不少主动。在杀气腾腾的蜀军进攻之下，吴方被迫再次求和，提出把范疆、张达二人和张飞首级一并送还，交还荆州，送归夫人，重修旧好，一同灭魏。

应该说，东吴的条件对于蜀国而言，已经是很难得的了。试想，即使战争胜利，还能彻底消灭东吴么？假如刘备头脑清醒，见好就收，既在一定程度上出了心中的怒气，又收回荆州重建吴蜀联盟，从而使战争得到一个较好的结局。但是，刘备被初战的胜利冲昏了头脑，对战争发展的最佳结局心中无数，盲目坚持率军长驱直入，企图消灭东吴。结果大军攻到目的地便成了强弩之末，非但未能灭吴，反被人家一把火烧得大败而归。

还有两个形成鲜明对照的人物，那就是关羽和诸葛亮。

三国时期，荆州的归属，一直是吴蜀双方争论不休的问题。赤壁之战后，刘备占领了荆州。对于刘备说来，荆州不能没有，因为这是向西川发展的基地，失去荆州，就失去了三分天下进而统一中国的条件。但是，荆州也是东吴的门户，要统一长江以南，发展自己，也必须夺取荆州。为此，赤壁大战后，孙权便派鲁肃前往索取荆州。

照理说，赤壁之战是孙刘联合的胜利，荆州作为从曹操手中夺取的战果，归刘备所有，名正言顺。况且，刘备漂泊半生，连个立身之处都没有，占有荆州也没什么不可，完全可以讲出一些理直气壮的话来。但诸葛亮对鲁肃说的却不是这样的话，而是提出暂"借"荆州。

一个"借"字，体现了诸葛亮办事适可而止、恰到好处的精神。当时的刘备，和曹操、孙权比较，力量还很弱小，必须和孙权结盟，共拒曹操，方能立稳脚跟，发展壮大，以图大举。假如提出占领荆州，激化吴蜀的矛盾，就会破坏吴蜀联盟，打破既定的政治战略，造成全局被动。而用一个"借"字，就避免了这一危险，就是说"借"荆州，既保证了刘备的可靠后方根据地，又维护了孙刘双方的同盟关系，不过不及，恰到好处。

但关羽这个人却不能理解诸葛亮的这番苦心。诸葛亮离开荆州之前，曾告诉关羽八个字"北拒曹操，东和孙权"。但他一直没把"东和孙权"放在心上。在与东吴的多次外交斗争中，凭着一身虎胆、好马快刀，从不把东吴人包括孙权放在眼里，不但公开提出荆州应为我们所得,还对孙权等人进行人格污辱,称其子为"犬子",使吴蜀关系不断激化,最后,东吴一个偷袭,使关羽地失人亡,悲惨至极。虽然,关羽的失败不能全部归结于他处理与东吴关系时的不谨慎,但至少他的过激行为,造成了吴蜀联盟的破裂,使东吴痛下决心,以武力收复荆州。

曹操诸葛亮刘备关羽的所作所为,从正反两个方面证明:适可而止,见好就收,确是一条极为重要的处事心术。

精妙点评

就心力高低的区别而言,就一定的意义说不在能不能做什么事,而在能否做应该做的事。不该做的事,你做了,即使很巧妙,也只能证明你心力低下;不该做的事,坚决不做,即使显得无所作为,也是心力高超。唯有在纷繁复杂的事变面前,清楚地知道应该做的事和不应该做的事,并相应调整自己的行为,方为智者。荀况曾说过:"知所为知所不为,则天地官而万物役也。"老子也说过"无为而无不为"。生活中常常有这样的事,无所作为,就是最大的作为!

两手准备：既求渐进，又求激进

> 攻守转换之计体现在一个"度"字上，不可过急过缓，要掌握既求渐进，又求激进的奥妙。"攻"与"守"的关系，需要高明的攻守转换的手段。攻守转换，就是使不符合自己意愿的事物或定式按自己设定的模式和方向运行；攻守转换，是一种强力意志的贯彻，是摧毁之后的重建；攻守转换，是一种武功，也是一种文治。因此，实施操纵此计必须讲求策略，在激进中渐进。

秦始皇在巩固了自己的统治之后，立即将全部精力投入对六国的军事进攻当中。他除了继续重用王、杨端和等旧将外，还提拔和重用了一批亲信将领，如王翦、桓、王贲、李信、蒙武等。在最后灭亡六国的战争中，年轻的秦王嬴政充分显示了他的领导才能。他在尉缭的辅佐下，指挥秦军由近至远，按部就班，逐一消平了六国。其间，根据不断变化的客观形势，他随时调整自己的战略部署，始终掌握着战争主动权。在军事进攻的同时，他还派李斯等人秘密从事间谍活动，派遣谋士携带金玉财物到各国收买当权者，离间君臣关系，暗杀那些不肯就范的人。这项活动获得了很大的成功，秦王嬴政之所以能顺利地统一中国，与各国"内奸"的里应外合也是分不开的。不过由于失误和其他原因，在统一战争中秦王嬴政也曾遭受三次大的失败，但他依仗自己的智慧和操纵艺术最终化险为夷，赢得了胜利。

秦始皇确定了统一战争的计划，安排先从最弱小的韩国开刀，然后由近至远，从南往北；先三晋，再荆楚，再燕齐，逐一灭亡六国。于是从秦王嬴政十七年（公元前230年）开始，秦国对六国的最后一战进入了实质阶段——正式灭亡各国。

此时，韩国对秦国的任何计策都已用过，美女奉秦、郑国修渠、韩非献计等等，屡施屡败，均未取得任何效果。强大的秦军就停在门外，小小的韩国犹如老虎嘴边的羊羔，只有浑身战栗的力量了。韩非死后，韩王安自知将不久于人世，于是主动提出"请为臣"，不敢再与秦并称为王。这是东方六国彻底屈服的开始，是秦国数代人努力奋斗的初步结果，也是无数生命的死亡、无数财产的损失换来的结果。但是，这并不是秦王嬴政所要求的最后结果，他要做不是六国的臣服，而是要它们的江山、土地和人民。所以韩王安"请为臣"，并不能使自己苟且多长时间。

秦始皇十六年（公元前231年），韩王安又把南阳全境献给秦国。秦始皇派内史腾做南阳郡守。这种剜肉医疮的做法，可以看作是韩国对秦国所施的最后一个计谋。不过，这是一条连韩王安自己都不相信的"计谋"。所有的韩国人都知道，韩国寿命已尽，现在所要做的是调整好心态，准备迎接新君主的统治。

秦始皇十七年（公元前230年），秦始皇命令内史腾就近攻韩，但没有给他增派一兵一卒，由此可见韩国之虚弱。秦军轻而易举地击败了韩军，生擒韩王安，将韩国最后一块土地纳入自己的版图，至此韩国灭亡。秦始皇下令在这里设置颍川郡。

对于被俘的韩王安，秦始皇采取了较为仁慈的做法，将其迁居。此举显然是做给其他国家看的。后来，秦王嬴政二十一年（公元前226年），韩王安与一帮韩国旧贵族阴谋叛乱，结果遭秦军镇压，韩王安被杀，韩国的问题终于全部解决。

灭亡韩国后，秦始皇命令秦军继续收拾赵国。为什么明知赵国强悍还要碰它？一个原因，赵国紧挨秦国，军力又强，不先破赵国，秦军东出始终有后顾之忧；第二个原因，赵国遭灾了，使秦军又有了可乘之隙。

秦王嬴政十六年（公元前231年），赵国先是遭地震的破坏，次年又遇大旱，饥荒遍野，民不聊生，国力进一步削弱。更严重的是，造成人心大浮，谣言四起，民间流传着"赵为号，秦为笑。以为不信，视地之生毛"的"讹言"。人们对国家的前途命运彻底丧失了信心。正是在这种情况之下，一生喜欢冒险、刺激的秦王嬴政决定还是先拿下赵国。

秦始皇急于灭亡赵国也许还和他的复仇心理有关，赵国对童年的嬴政并不友好。

这样，秦王嬴政十八年（公元前229年），秦军兵分两路，分别由王翦、杨端和率领，第三次大举攻赵。这次秦王嬴政势在必得，投入的兵力很大。但是，赵军在李牧和司马尚的率领之下，顽强苦斗，不让寸毫。

李牧的确有军事才能，尽管赵国国力较之秦国相差巨大，军队人数也少，居绝对劣势，但是他竟然坚持长达一年的时间，令秦军在战场上无计可施。对此，秦王嬴政早有思想准备，他并未怪罪王翦、杨端和等人，而是积极想办法行反间计，离间赵国内部的关系。他派人携重金潜入赵国，收买郭开，让他散布李牧、司马尚要反叛的谣言。果然，昏庸的赵王迁信以为真，急忙遣赵葱和齐人颜聚去代替李牧、司马尚掌管兵权。

大敌当前，无故换将乃是大忌。作为名将，李牧深知临阵换将的危害，同时他也知道，目前能够与强大的秦军抗衡的只有一种战法，那就是坚守待机。所以，李牧拒绝受命，不肯交出兵权。但是，铁了心要自毁长城的赵王迁以为自己的决定是完全正确的，李牧不肯交职，说明他的确想反叛。他秘密派人将李牧诳出军营处死，同时罢免了司马尚的职务（一说也被杀死），使赵葱和颜聚顺利接掌了军权。

三个月以后，王翦指挥秦军突然发动进攻。赵军轻出迎敌，招致大败，赵葱被杀，颜聚逃回。秦军紧随其后，冲入邯郸，颜聚带着赵王迁出降。至此赵国灭亡，时间是秦王嬴政十九年（公元前228年）十月。

秦军破赵后，生于斯长于斯、在邯郸度过童年时代的秦王嬴政，率大队人马耀武扬威地从秦国远道而来，开进了邯郸城。秦王嬴政此行不是"还乡"访亲探友的，而是前来报仇的。他小的时候，那些曾与其母赵姬家为仇的人现在该倒霉了。嬴政是个善于记仇和善于报仇的人，30多年以前的事情他一点没有忘记，他下令把所有曾与母亲有仇怨的赵国贵族全部坑杀。

赵王迁被俘，他的儿子公子嘉时年六岁，被一帮侥幸逃出的赵国贵族携到了代郡，立为代王，与燕国合兵，继续负隅顽抗。后来秦王嬴政二十五年（公元前222年），秦军破代，在这里设置郡县，赵国之事才彻底解决。

韩国、赵国灭亡以后，三晋中的最后一个国家魏国完全处在了秦军的包围之中。

秦王嬴政十六年（公元前231年），在秦军的进逼下韩国把南阳全部献给秦国时，魏国也不落后，跟着韩国采用这种剜肉医疮的不是办法的办法，把丽邑献给秦国，以此来换取几天的残喘。秦军向韩国、赵国进攻时，自身难保的魏国再也不敢像过去那样出兵援助它们了，只能眼睁睁地看着秦军一个一个地收拾它们。

灭赵以后，秦军与燕国发生一些纠葛，耽搁了一些时间，没有立即对魏国采取行动。直到秦军攻下了燕国的都城蓟，迫使燕王喜逃往辽东，燕国灭亡在即的时候才调头回来抽空解决眼皮底下的魏国。

秦王嬴政二十二年（公元前225年），秦军在王翦的儿子王贲的率领下，突然出现在魏都大梁城外。魏军严阵以待，准备为祖国流尽最后一滴血。谁知，秦军将大梁团团围住后并不进攻，而是筑堤引来了黄河水，采用水攻。魏军在水里苦撑了三个月，终因城被泡坏，无法再守，魏王极不情愿地出城投降。秦国尽取魏国之地，魏亡。

三晋灭亡，燕国无还手之力，剩下的就是楚国和齐国了。先对付谁？秦王嬴政选择了楚国。于是，楚国"荣幸"地成为第四个被灭亡的国家。

秦王嬴政二十三年（公元前224年），李信与蒙武分兵入楚。开始两人连战连捷，秦军往来驰骋，如入无人之境。李信拿出了在燕国追歼燕太子丹的劲头，根本未将楚军放在眼里。但是，他忽略了燕国和楚国在国力上和面积上都完全不同。楚国虽国力疲弱，但土广人众，是六国中最难对付的国家。这一点，同样年轻气盛的秦王嬴政也完全忽略了。不知是连灭三国、削弱一国使秦王及众将有些飘飘然了呢？还是楚国弱不禁风的外貌，使秦王及众将产生轻敌的思想？李信之军，长驱千里，缺乏后援，楚军抓住了秦军的这个弱点，乘势对秦国发起反击，李信连败两阵。秦军损失惨重，几乎全军覆没，残军向秦境败退，后面楚军紧追不舍，威胁秦国的安危。这是秦王嬴政在统一六国的战争中的第三次失利，而且是最严重的一次失败。

秦王获知李信惨败的消息，又惊又怒。他立即前往频阳王翦家中请王翦重新"出山"，并同意给王翦60万兵马。在秦王的软硬兼施之下，王翦终于答应领兵灭楚。于是，在李信攻楚失败的同一年，秦王嬴政倾全国精锐交由王翦率领第二次攻楚，并仍派蒙武为裨将随同王翦出征。

刚刚击败20万秦军因而信心大增的楚国人，见王翦又率大军来攻，于是也征发全国之兵相拒。王翦这次采用的是在赵国时李牧用来对付他的一套战术，虽远道而来灭楚，但并不急于进攻，而是在合适的地方筑起坚固的营垒坚壁不出，死守不战。秦军不战，可又驻扎在楚国土地上，楚军不能不管。急于要将秦军赶走的楚军，多次向秦军挑战，可就是不见秦军有任何出动的迹象，令楚军气恼万分。王翦之所以敢于不着急出战，一是他认定这种坚守疲敌、伺机出击的战术是对付强劲对手的最有效的方法，这是在灭赵的一年战争中他感受最深的事情；二是他深知秦王对他已经信任备至，不会对他的战术有任何异议。

在坚壁不出的这段时间里，王翦命令士卒养精蓄锐，忘记战事，吃得饱饱的，洗得干干净净的，终日游戏玩耍。王翦还与士卒同甘共苦，一同进餐，吃同样的东西。秦军斗志高昂，士气极盛。楚军见秦军总是不出，无计可施，只好引军而东，退回楚国腹地。王翦见时机成熟，立即命令秦军追击，并组织一支最强悍的突击队，猛攻楚军。疲惫已极、疏于防范的楚军猝不及防，完全失去了有效的抵抗，被打得落花流水。楚军主帅项燕率残军奔走，秦军紧追不舍，杀死项燕，将楚军主力全部消灭。

秦王嬴政二十四年（公元前223年），秦军攻破楚都郢，俘虏楚君负刍，楚亡。随后，秦军继续向南挺进，降伏了越地，在这里设置会稽郡。楚地的战事终于彻底结束。

灭亡赵国以后，秦军兵临易水河畔，直接威胁着燕国，燕国上下一片恐慌。为了挽救燕国，太子丹派荆轲前去秦国，企图刺杀秦王嬴政。

燕太子丹，是燕王喜之子，曾入赵为质，与童年的嬴（赵）政相好，是嬴政儿时的朋友。后来嬴政当上秦王，燕太子丹又来秦国为人质。燕太子丹"满心喜欢"地入秦为质，以为见到老朋友不仅可以叙旧，而且还能受到良好的接待。但是，今非昔比的秦王嬴政对自己儿时的好友根本不相认，对太子丹极不友善。太子丹好似被泼了一盆冷水，一怒之下逃回燕国，招募了荆轲等人打算给自己出这口恶气，并企图挽救燕国行将灭亡的命运。

但是荆轲没能将秦王嬴政杀死。被激怒的秦王嬴政立即命令王翦、辛胜向燕国发动进攻。

秦王嬴政二十五年（公元前222年），秦军灭亡楚国。秦王嬴政立即遣王贲为将，调动大军向辽东进攻。此时的燕军更加不堪一击，秦军很快攻下辽东，俘燕王喜，燕亡。随后，王贲还军攻代，擒代王嘉，赵国的最后遗存也被铲除。

现在六国之中，去了五个，只剩下一个齐国，秦王嬴政的操纵大业就要成功了。

自从秦王嬴政即位以来，由于吕不韦和嬴政都执行"远交近攻"的战略，所以与齐国没有发生直接的军事冲突。此时，齐国国君是齐王建，这是一个在位时间颇长的国君，一共在位44年，直到齐亡，也是一位亡国之君。

秦国不仅没有与齐国发生军事冲突，而且还与齐国保持着良好的关系，齐王建甚至在秦王嬴政十年（公元前237年）的时候，曾亲自入秦与秦王相见，秦王在咸阳设酒宴"热情"招待了他。同来的还有赵君悼襄王。

齐王建是个极其昏庸的君主，他丝毫没有感觉到秦王嬴政对他的"友好"实际是为其统一战争服务的。秦王嬴政的意图是避免齐国与其他国家联合，尤其是绝不能让它与赵国结盟。因为，尽管齐国实力大不如从前，但是与强悍的赵国联合起来，对秦国的统一事业来说也是很麻烦的。所以，秦王嬴政拼命拉拢齐国，破坏齐、赵之交。他还特地派使臣，赴齐国游说齐王建，不使其与赵国结盟。秦王嬴政的计策极为成功，在灭亡韩、赵、魏、楚、燕五国的战争中，齐王建始终未出一兵干涉，直至秦军将五国灭亡，兵锋直逼齐边，他见势头不对，这才象征性地在边境上布兵防御，但是一切都晚了。

秦王嬴政对齐国计策的成功，很大的功劳应该归于齐相后胜。后胜实际上是早已被秦王嬴政收买的"间谍"，他和齐王建的许多宾客都"多受秦间金"而秘密通秦，为秦国办事，所以当秦国进攻五国时，他们极力劝说齐王建不要出兵相救，使齐王建根本不听任何有关出兵的进谏。不仅如此，齐国自己也不积极备战，而且后胜还建议齐王建再次入秦朝见秦王，想把齐王建白白送给秦国。昏庸的齐王建竟真的依计而行，当他的车仗走到都城临淄雍门时，守门官司马上前质问："我们拥立大王，是为了社稷，还是为了立王而立王呢？"齐王建还不算太糊涂，回答："当然是为社稷。""既然为社稷立王，大王为何还要去社稷而入秦呢？"齐王建此时似乎明白了一点，立即掉头回到了宫中。这样后胜的阴谋才未得逞。

秦王嬴政二十六年（公元前 221 年），灭亡燕、代之后的王贲率秦军向齐国发起进攻，长期"不修攻战之备"的齐国只能束手待毙，齐军几乎没有进行像样的抵抗就丢掉了都城临淄。"秦兵卒入临淄，民莫敢格者"。秦王将齐王建迁到共（今河南辉县），把他安置在一片松柏林中，最后将其活活饿死。

秦能统一中国，固然是嬴政数代祖先努力的结果，固然是秦国军民努力苦战的结果，但与年轻的秦王嬴政的强有力的操纵才能是分不开的。在战争中嬴政所表现出的沉着冷静、见机行事、遇挫不挠、知错就改等品质，是秦军取得最后胜利的根本保证。正是因为有这样一位君主，才使得秦军能够所向无敌，以雷霆万钧之势，把混战了数百年的中华大地迅速变成一个统一的多民族国家，从而赢得了国家胜局。秦始皇真是一个大胜者！

> **精妙点评**
>
> 可见，做事必须在攻守转换之间求胜局，不可单一。这是行之有效的赢定胜局的策略。

拿出让人心服口服的绝招

> 在为人处事的过程中，如何才能让人心服口服呢？其绝招何在？不同的人有不同的答案，但有一点是可以肯定的。就是必须有解决问题的眼光和能力，把攻守转换发挥到淋漓尽致的程度，让可用的人真心产生佩服感。

恩威并施者往往可获大胜。明成祖朱棣虽然以武力起家，但他更重视用道德教化来稳固统治，他主张恩威并施，使人心服口服，从而获得大胜局面。

明太祖治理南方地区，虽有武功以定天下，文德以化远人和四海一定，以德化为本的思想，做了许多文治的工作，但晚年失之于急躁，如在鄂西急于废土司，留下了不少问题。成祖即位后，在首重北边的前提下，也解决了一些南方的治理问题。

沐氏镇云南，开始于洪武时沐英、沐春父子。沐春死后，其弟沐晟继续镇守云南。沐晟与封在昆明的岷王不和，成祖了解此矛盾后，徙封了岷王。沐晟请加兵讨车里（云南南部以景洪为中心的大片地方），成祖多次下敕文责沐晟政事烦扰，号令纷更，要求沐晟怀柔车里，不可轻易兴兵，注意云南民族地区的安定。

洪武时期，由于贵州的水西女土官奢香向往中原文化和太祖对贵州的招抚政策得当，奢香"开赤水之道，通龙场之驿"，贵州与外界的联系加强。成祖即位后，命熟悉贵州情况的大将镇远侯顾成守贵州。因顾成是一介武夫，成祖一再告诫他不可穷兵黩武，喜功好事，而应该老成持重，顺情而治。后因贵州思州、思南二田姓土司互相仇杀，禁之不止，成祖乃密令顾成携精干将校潜入，将二田姓土司擒拿，贵州改土归流的条件成熟。于是在永乐十一年（1413年）设置了贵州布政司，从此贵州作为一个省区成为明朝的组成部分。

镇守广西的韩观是行伍出身，因军功出任广西都指挥使多年。靖难期间，建文帝调韩观练兵德州，用以对付燕师。成祖即位后，丝毫不计较韩观的这段经历，仍任用韩观镇守广西，佩征南将军印节制广东、广西两个都司。韩观性凶狠、嗜杀，成祖赐玺书告诫韩观，强调以德抚广西，"杀之愈多愈不治"，"宜务德为本，毋专杀戮"。韩观却自恃老于桂事，陈兵耀威，号称"威震南中"。由于韩观抚用兵乏术，务德无方，杀戮太过，颇违成祖德化之意。但也应看到，在韩观镇守广西期间，广西境内较为安定，这客观上有利于广西经济的发展。

至于被太祖晚年因急躁处理而遗留的若干南方交通不便地区的民族问题，成祖均给以补救，在那些地方恢复土司设置，使之与朝廷关系正常化。如设置贵州西部的普安安抚司，恢复因吴面儿反抗而废去的古州、五开为中心湘黔交界处的湖耳等14个蛮夷长官司和鄂西、思州、九溪等土司。

上述事为明成祖之攻守转换之一，还有一例：明朝洪武、永乐年间，社会经济恢复发展，造船工业规模扩大，分工细密，技术高超，传统的航海知识和经济大量积累，这些都为郑和远航提供了良好的条件。中国的丝绸、瓷器受到海外诸国青睐，海外的染料、香料、珠宝等又为中国所需求，这给了郑和下西洋发展海外贸易以有效的刺激。

永乐三年（1405年），一支15世纪全世界无与伦比的庞大舰队，乘着强劲的东北季候风，浩浩荡荡离开了中国的东海岸，率先驶向了浩瀚的太平洋，这就是明成祖派出的郑和第一次下西洋。

人们至今对郑和下西洋的目的猜测纷纭，或者说是毫无经济目的纯而又纯的政治大游行；或者说是国内经济发展的需要；或者说是为了寻找政敌，即不知所终的建文帝；或者说因为夺嫡"篡位"，国内人心不附，故锐意通海外，召至万国来朝并从而促进其在国内统治地位的稳固。

但是这全面体现了明成祖在更大范围内攻守转换。总之，明成祖攻守转换之计是以心中之数为基础的，表现在：

一治内防外：明成祖朱棣是明朝的第三代君主。明朝江山虽然由明太祖朱元璋励精图治，但依然满目疮痍，经济尚未复苏，统治集团内部危机四伏，边疆民族动乱时有发生等等，所有这些，对明成祖都是一个严峻的考验。事实证明，明成祖不愧为一代名君，他迅速地操纵了明初的残局，并且屡屡推出重大举措，如修万里长城、委派郑和下西洋等等，均在历史上留下深远的影响。

二是用人做事：如果深入考察明成祖的攻守转换智慧和方略，不难看出明成祖有一个最突出的特点，也就是看准大才的力量，也盯准小人的伎俩，把"大才"与"小人"区分开来。明成祖深知操纵攻守转换需要大才，因此千方百计寻找大才，并对大才委以重任，从而最大限度地发挥了关键人才和重要人才的作用。

> **精妙点评**
>
> 很多人对于"心中有数"这个词只知其表，而不知其里，它实则是一个人成大事的基础，是攻守转换之始。通过明成祖之例，可以发现想大事、成大事都必须有心数在身、有招数在手。

第三章

借势而起：踩到跳板上可省大力气

借势而起之计，指靠外力而成事。我们知道，不是每一件事都是你想做就能做成的，有时你越想做成反而越做不成。原因之一是你还没有足以控制它的能力，二是你还不能摸清它的特点。聪明人能够在"借"字上下功夫，积极主动地去寻找"跳板"，力图凭此跃起，达到自己想要的高度。在实际个案中，一个善于借势的人，总能以最小的付出获得最大的回报。

打出借势发挥的巧牌

> 善借才能善得。借即借势发挥,成全己事。借势发挥为聪明人的谋胜之术。如果一个人细心观察身边的事物,并能够把握彼此之间进退的尺度,在必要的时候借势发挥,平衡一下各个方面的力量,自然会更利于事情的进展。这种平衡术实则离不开借势术。

唐代身为宰相的房玄龄在监修国史的时候通过观察李世民的种种变化并随之借势发挥,使得各部分的资源,都有利于修史这一大事。

随着唐王朝中央集权的发展,统治者对思想文化领域的控制也随之加强。唐太宗时,开始设立史馆,命文臣纂修本朝历史和前代历史,并由宰相监修。唐太宗继位之后,作为第一任宰相的房玄龄,自然而然地担负起监修国史的重任,同时,他希望借唐太宗之力,总结历朝兴衰,以便留下为政之道。他是怎么做的呢?

(1)进言借言

房玄龄监修国史之初,唐太宗问房玄龄:"前世史官所记,皆不令人主见之,这是为何?"

房玄龄说:"史官所记不为虚美之词,不隐人主之恶,若人主见之,必然大怒,势必殃及史官性命,是故不敢献于人主也。"

唐太宗说："朕之心，异于前世帝王。欲自观国史，知前日之恶，为后来之戒，公可撰次以闻。"

房玄龄见唐太宗如此要求，心生惶恐，正欲说什么，这时谏议大夫朱子奢上言："陛下圣德明于天下，举无过失，史官所述，义归尽善。今陛下欲独览之，于事无益，若以此法传于后世子孙，窃恐数代之后，有不明智之君，为饰非护短，史官必然不免于刑诛。如此，则史官莫不希风顺旨，全身远害，悠悠千年之后，所记还有什么可信的呢？所以前世史官所记，人主不观，即为此计耳。"

房玄龄听了朱子奢的一番言论，深以为然，感到朱子奢将自己欲言却不敢言的事全说了出来，心中痛快了许多。同时，房玄龄接着朱子奢的话说："陛下，谏议大夫朱子奢之言甚是，请陛下收回成命。"

唐太宗当下心中不悦，对房玄龄近乎吼叫地说："朕欲观之，有何不妥？速速上书即可。"

房玄龄见唐太宗态度强硬，没有再争辩。退朝之后，即和给事中许敬宗等人删撰国史，撰写《高祖实录》、《今上实录》。成书之后，房玄龄将其奏上。违反常规的唐太宗急不可待地将其阅览一遍，见其中的玄武门之变记载得闪闪躲躲，语多隐晦，便对房玄龄说："昔周公诛管叔度、蔡叔鲜而安周，季友鸩叔牙以存鲁。朕之所为，亦颇类是耳，史官为什么讳而不言呢？"

房玄龄将两朝实录奏上之后，内心一直惴惴不安，唯恐唐太宗一不高兴，殃及其他大臣，那将终生遗憾。唐太宗这么一问，房玄龄悬着的心才稍稍放松下来，对唐太宗说："陛下，臣以后将其改定就是！请陛下放心。"

唐太宗说:"去浮辞,直书其事,此乃史官美德,公宜将其发扬光大,以示我大唐太平盛世,政通人和。"

房玄龄回答说:"臣遵旨。"

其实,房玄龄监修国史期间,一直忠心耿耿,依古训而为之。只是作为一代明君的唐太宗,竟然执意要阅览国史,这不能不使房玄龄左右为难,不让其阅览吧,恐有抗旨不遵之嫌;让其阅览吧,又恐直笔忤了唐太宗,使众大臣遭殃。在万般无奈的情况下,只好将有些史实进行修饰,增添了些浮华虚美之辞,总算将唐太宗的非分要求应付过去,对于一代明君唐太宗来说,迫使房玄龄让其阅览国史,这不能不说是他的一个污点,同时也使得房玄龄多多少少背上了媚上的嫌疑。由此看来,为君者不可不慎重行事,否则浩繁的史籍上将会多几条不好的记载,还会使得贤臣蒙受心灵的折磨和耻辱。

但值得房玄龄庆幸的是,唐太宗毕竟是一代明君。后来,唐太宗对房玄龄说:"朕观《汉书》所载司马相如的《子虚赋》、《上林赋》,皆浮华无用。以后,凡上书论事词理甚切者,无论朕听从与不听从,皆当载之,为后世之戒。"

房玄龄说:"陛下圣明,臣心中没有什么忧虑的了。"

(2)借人近人

在房玄龄的主持之下,唐太宗的起居注写得有声有色,这也与褚遂良等人的密切配合有很大关系。褚遂良任谏议大夫时,掌管记录皇帝日常言行的起居注,他对房玄龄孜孜奉国的精神非常佩服,时常感叹地说:"古之贤相莫若房玄龄如此奉于国事,真乃今上和大唐的福气!"在褚遂良的骨子里,也有魏征一样的耿直,常常敢直言犯君,置生死于度外。

贞观十六年（公元641年）夏四月壬子日，唐太宗又一次要阅览起居注，便对褚遂良说："卿执起居注之事，所书朕得观乎？"

听了唐太宗的问话，房玄龄不由得汗湿手心，颇为褚遂良担忧，恐他惹唐太宗不高兴，但太宗又没有问自己，不好出面回答，只得一旁静观事态变化。这时，只见褚遂良不卑不亢地答道："史官书人君言行，备记善恶，旨在使人君不敢非为，臣未听说过有人君自取而观之者也。"

褚遂良的话语，使得房玄龄突突直跳，不由得偷偷看了唐太宗一眼，唯恐太宗大怒，褚遂良有什么闪失。只见唐太宗龙颜微沉，有些不悦，但没有到大怒的份上，房玄龄紧张的心情稍稍宽慰。此时，唐太宗紧接着问道："朕有不善，卿亦记之乎？"

褚遂良面不改色，高声答道："臣之职即是书史，不敢不记。"

还没有等唐太宗再问什么，黄门侍郎刘洎又说："即使遂良不记，天下人亦皆记之。"

唐太宗见群臣都反对他自观起居注，不得不说道："诚如众位爱卿所言。"

看似平淡无奇的一次君臣对话，却处处充满杀机，一有不慎，轻则贬官，重则有杀身之祸，这在封建社会的朝堂之上屡见不鲜。作为宰相的房玄龄是深明这一点的，所以当唐太宗问话开始，他的心就悬到了嗓子眼上，替褚遂良担忧，这是何等高尚的人品，难怪唐太宗一朝的大臣一个个敬服房玄龄的为人。

精妙点评

正因为房玄龄的处心积虑，善为借势，才使得朝堂之上多清明干练之人，朝中政事顺畅执行，房玄龄之功不可没，这也是后世称其为贤相的原因所在。房玄龄功劳的另一个方面，就是在他监修国史期间，尽量直书其事，给后世子孙留下了一份基本可信的历史资料。难怪历代史书上说，房玄龄为人处世，外甚平静，内则用心，不以不可为之不为，乃是用借势之道而成事。

巧借他人之力，缓己燃眉之急

善借者总能在没有条件的时候创造条件，在有条件的时候利用条件。对于善借者来讲，做任何事情，都应当巧借他人之力，缓己燃眉之急。这是成功的关键。

唐高祖李渊西进关中时，除了正面的隋军外，还存在着左侧东都洛阳附近李密的威胁。但他找到一条神秘的借人之道！

李密是西魏人大柱国之一李弼的后裔，袭爵蒲山公，长期受隋朝廷的排挤。曾因参与杨玄感起兵被捕，逃脱后，投奔翟让领导的瓦岗军。在扩大起义军武装，出谋划策连败隋军，击毙隋将张须陀等方面，李密做出了贡献，提高了名望，野心也随之暴露出来。不久之后，他谋害了瓦岗军的农民领袖翟让，窃取了义军的领导权，掌握了全部军队。

此时的瓦岗军，已发展到几十万人，"并齐济间渔猎之手，善用长枪"，而且已获取了隋王朝大批的良马，装备精良，同时又据有了洛阳周围的几个大粮仓，粮饷充足，成为中原地区乃至全国实力最强、影响最大的一支力量。

李密与李渊相比，贵族身份相仿，虽然政治地位不如李渊，但此时的实力却大大超过了李渊，也有西入关中，夺取全国最高封建统治政权的欲望。所以李渊进军关中，顾忌左右的李密是必然的。为此，李渊在进军途中就致书李密，要求联和。李密自恃兵强势盛，便以欲为盟主的身份，派人给李渊送去复信，书信中说："与兄派流虽异，根系本同。自惟虚薄，为四海英雄共推盟主。所望左提右挈，勠力同心，执子婴于咸阳，殪商辛于牧野，岂不盛哉！"

并要求李渊亲率步骑数千到河内，面议并缔结盟约。

李密在信中以盟主自居，力图在政治上先声夺人，居于优势地位，李渊岂能识别不出？但由于形势所迫，不允许他与李密一论高低。当务之急是设法稳住李密，使其牵制东部隋军，对他抢先占据关中，稳固自己的地位，促使国中政治形势发生深刻的变化，都是极为有利的。正像他收到李密书信后笑着所说的那样："密妄自矜大，非折简可致。吾方有事关中，若遽绝之，仡是更生一敌，不如卑辞推奖以骄其志，使为我塞成皋之道，缀东部之兵，我得专意西征。俟关中平定，据险养威，徐观鹬蚌之势以收渔人之功，未为晚也。"

出于此种策略，李渊便毫不犹豫地决定暂时承认李密为盟主。为骄李密之志，故意"卑辞推奖"，令记室温大雅给李密复信说："吾虽庸劣，幸承余绪，出为八使，入典六屯，颠而不扶，通贤所责。所以大会义兵，和亲北狄，共匡天下，志在尊隋。天生烝民，必有司牧，当今为牧，非子而谁！老夫年逾知命，愿不及此。所戴大弟，攀鳞附翼，惟弟早膺图，以宁兆民！宗盟之长，属籍见容，复封于唐，斯荣足矣。殪商辛于牧野，所不忍言；执子婴于咸阳，未敢闻命。汾晋左右，尚须安揖；盟津之会，未暇卜期。"

在信中，李渊一方面吹捧李密，称他为当今天下救世主；一方面自称年老力衰，将来若能得封于唐，已很满足了。借此来掩盖自己的政治欲望，然后又以安揖汾晋地区为借口，隐蔽自己抢先进入关中的意图，并婉言谢绝去河内郡会盟。这样一封假情假意，并且弦外有音的信，却使"密得书甚喜，以示将佐曰：'唐公见推，天下不足定矣！'自是信使往来不绝"。

自此李密专意集中兵力对付隋军和王世充的军事力量，对李渊进军关中完全不闻不问，李渊在策略上又取得了巨大胜利。这不仅为李渊父子进入关中和其后经营关中及四川等地区创造了十分有利的条件，而且，当山东群雄与隋军逐鹿中原时，李渊父子却得以稳居关中，毫无顾忌地扫荡西北地区的割据武装并镇压农民起义军，同时积蓄力量，注视关东鹬蚌相争的势态，以适时收得"渔人之功"。

精妙点评

一个"借"字，奥妙无穷，但它仅属于智者，而不属于愚者。智愚之别往往就体现人生几个关键点上，"借"为其一。

发现跳板，才能跳得更高更远

> 跳板的作用是让人跳得更高更远。有人问，没有跳板可否？答案是当然可以，但你永远得不了第一名。善于借势发挥者，总是力求找到脚下的跳板，让自己的人生目标更高更远。聪明人可以在最关键的时刻抓住转折点。胡雪岩日后能做大生意，是以投靠左宗棠为转折点的。这是理解胡雪岩之所以脸面越来越大的关键。

胡雪岩依靠王有龄的势力生意越做越大，一片坦途。然而天有不测风云，同治元年（公元1862年），太平军围攻杭州，王有龄守土有责，被围两月弹尽粮绝。胡雪岩受托冲出城外买粮，然而却无法运进城内。王有龄眼见回天乏术，上吊自杀。胡雪岩闻讯，悲不自禁，胡氏之生意，得力于王有龄，尤其是这种乱世，没有一个可以信任的靠山，凭什么成事呢？如今王氏一去，大树倒矣，又岂能不悲伤。

此时的胡雪岩开始将目光投向了杭州藩司蒋益澧。但他逐渐在交往中发现，蒋益澧谨慎有余，远见不足，他不得不寻找更有价值的人物。这时，他将目光投向了闽浙总督左宗棠。

此时左宗棠正忧心忡忡，杭州连年战争，饿死百姓无数，无人耕作，许多地方真是"白骨露于野，千里无鸡鸣"。自己带数万人马同太平军征战，自己的几万人马吃饭成了个大问题。

正在考虑之时，手下人报，浙江大贾胡雪岩求见。左宗棠乃传统的官僚，有"无商不奸"的思想在脑中作怪，而且他又风闻胡氏在王有龄危困之时，居然假冒去上海买粮之名，侵吞巨款而逃。心想此等无耻的奸商，本不欲见他，无奈蒋益澧的面子，只得待了半天，才懒洋洋地宣胡雪岩进见。

　　胡雪岩一进去，就察觉到了气氛的不对，随即告诫自己小心谨慎。胡雪岩振作精神，撩起衣襟，跪地向左宗棠说道："浙江候补道胡雪岩参见大人！"左宗棠视而不见，仍怒目圆睁。一会儿，左宗棠那双眼睛开始转动，射出凉飕飕的光芒，将胡雪岩从头到脚仔细打量一遍。胡雪岩头戴四品文官翎子，中等身材，双目炯炯有神，脸颊丰满滋润，一副大绅士派头。端详之后，左宗棠面无表情地说道："我闻名已久了。"这句话谁听都觉得刺耳，谁都懂得它的讽刺意味。胡雪岩以商人特有的耐性，压住心中的不满，他觉得自己面前只不过是一个挑剔的顾客，挑剔的顾客才是真正的买主。胡雪岩没有直接谦虚地回答左宗棠，而是再次以礼拜见左宗棠。他知道左宗棠素来是个吃捧的人，抓住这一弱点，恭贺左宗棠收复杭州，功劳盖世。又向左宗棠道谢，使杭州黎民百姓过上安定日子。胡雪岩一边恭维一边注视着左宗棠，他见左宗棠脸上露出一丝不易让人觉察的微笑。捕捉到这一信息，胡雪岩又急忙施礼。这一次左宗棠虽然仍旧矜持地坐在椅子上，但先前阴沉的双脸绽开了笑容，也许面子过不去，他装着恍然似的说："哎呀，胡大人，请坐！"胡雪岩在左宗棠右侧的椅子上坐了下来，摆脱了尴尬的窘境。

　　胡雪岩坐定之后，左宗棠直截了当问起当年杭州购粮之事，脸上现出肃杀之气。胡雪岩这才如梦初醒，赶紧把事情从头到尾讲了个清清楚楚，说到王有龄以身殉国，自己又无力相救之处，不禁失声痛哭起来。

左宗棠这才明白自己误听了谣言，险些杀了忠义之士，不禁羞愧不已，反倒软语相劝胡雪岩。

胡雪岩见左宗棠态度已有松动，急忙摸出二万两藩库银票，说明这银票是当年购粮的余款，现在把它归还国家。他解释说，这巨款本应属于国家，现在他想请求左帅为王有龄报仇雪恨，并申奏朝廷惩罚见死不救又弃城逃跑的薛焕。这符合常情的恳求，左宗棠欣然答应，并叫管财政的军官收了这笔巨款。

二万银票对于每月军费开支十余万的左军来说虽属杯水车薪，但毕竟可解燃眉之急。胡雪岩清楚地知道左宗棠想要的是什么，所以不失时机地掏出银子，为自己争得了左宗棠的好感。

收下胡雪岩的银票后，胡雪岩对王有龄的忠心使左宗棠非常佩服，立即叫人上茶，和胡雪岩闲聊。胡雪岩大赞左帅治军有方，孤军作战，劳苦功高。胡雪岩说话有分有寸，当夸则夸，要言不烦，让人听起来既不觉得言过其实，又没有谄媚讨好的嫌疑。左宗棠听得眉飞色舞，满脸堆笑。胡雪岩见左宗棠已被自己的话吸引，他想，只要实事求是地奉承恭维，左帅还是能够接受的。如果拉他做靠山，往后的生意更会如日中天。主意拿定后，他抛砖引玉，话锋一转。指责曾国藩只顾自己打算，抢夺地盘，卑鄙无义。气愤地谴责李鸿章不去乘胜追击占领唾手可得的常州，而把立功的机会让给曾国藩的弟弟曾国荃做人情。胡雪岩有根有据的指斥引起了左宗棠的共鸣，左宗棠在心中对胡雪岩更有好感了。

过后，左宗棠亲自将胡雪岩送出去，他认为胡雪岩不仅会做生意，而且还对官场非常熟悉，是一个大有作为的能人，难怪杭州留守王有龄对他如此器重。然而粮食仍像幽灵一样萦绕脑际，缠得左宗棠心急如焚，愁眉不展，一连几天都没有想出个好办法。

其实胡雪岩上次别后，就筹划着如何帮助左宗棠解决粮食以解眼下之急。他迅速到上海筹集了上万石大米运回杭州，一部分救济城里的灾民，另一部分送到了军营。

这上万石大米真是雪中送炭，不仅救了杭州，而且对左宗棠肃清境内的太平军也助了一臂之力。左宗棠捋着花白的胡须，连日紧皱的双眉舒展了，他高兴不已，内心总觉得过意不去。他说："胡先生此举，功德无量，有什么要求，无妨直说。我一定在皇上面前保奏。"胡雪岩大不以为然，他说："我此举绝不是为了朝廷褒奖。我本是一生意人，只会做事，不会做官。"

"只会做事，不会做官"这一句话可当真说到左宗棠的心坎上了。左宗棠出自世家，以战功谋略闻名，在与太平军的浴血奋战中，更是功绩彪炳。所以平素不喜与那些凭巧言簧舌、见风使舵之人为伍，对这些人向来鄙夷不屑。此时一句"只会做事，不会做官"当真是使左宗棠感觉遇到了知己。对胡雪岩顿时更觉亲近，赞赏之意，溢于言表。

粮食的问题得到解决，但军饷还没有着落。军饷像重担似的压在左宗棠的心上。由于连年战争，国库早已空虚。两次鸦片战争的巨额赔偿犹如雪上加霜，使征战的清军军费自筹更为困难。左宗棠见胡雪岩如此机灵，于是请胡雪岩为他想法筹集军费。胡雪岩一听每月筹集二十万的军费，感到非常棘手，但他认为如果能够顺利筹集，左帅对自己会加倍信任。胡雪岩经过一番深思熟虑后便把自己的想法全盘告诉了左宗棠。

原来，太平天国起义十年来，不少太平军将士都积累很多钱财，如今太平军败局已定，他们聚敛的钱财不能带走，应该想法收缴。但由于这些太平军不敢公开活动，唯恐遭到逮捕杀头，常常躲藏起来。胡雪岩认为左帅可以闽浙总督的身份张贴告示：令原太平军将士只要投诚，愿打愿罚各由其便，以后不予追究。

左宗棠心有灵犀一点通。这确实是个好办法，既收集钱财，又能笼络人心，一箭双雕。可如此做法还没有先例。如果处理不周，后果不堪设想。左宗棠将心中的顾虑和盘托出，胡雪岩忙出妙策。他的理由是：太平军失败后，很多人都要治罪。但人数太多株连过众，又会激起民愤，扰得社会又不安宁。这与战后休养生息的方针背道而驰。最好的处置就是网开一面，给予出路。实行罚款，略施薄刑，这些躲藏的太平军受罚后就能够光明正大做人，当然愿罚，何乐不为。

左宗棠对胡雪岩的远见卓识钦佩不已，当即命胡雪岩着手办理。回去后，胡雪岩立即着手，张贴布告，晓之以义。不多久，逃匿的太平军便纷纷归抚，一时四海闻动，朝廷惊喜。借助这一机会，阜康钱庄也得利不少，胡雪岩更是四品红顶高戴，成了真正的"红顶商人"。

通过这件事，左宗棠既了解了胡氏的为人，也了解到胡氏办事的手段，知道这确实是一个难得的人才，于是倾心结交，倚之为股肱，两人很快成为知己。

回头看胡雪岩结交左宗棠的过程，主要有三个因素：

第一，对左宗棠的充分了解。胡雪岩在决意拉拢左宗棠这座大靠山之时，已经通过各种渠道对左氏有了透彻的了解。他知道左宗棠是"湖南骡子"脾气，倔强固执，难以接近。他也知道左氏因功勋卓著，颇为自得，甚喜听人褒扬之辞。他也对左宗棠与曾国藩及其门生李鸿章之间的重重矛盾了解得很透彻，建立在这些知识之上，他才能打一场有准备之仗，使得言辞正中左氏的下怀。

第二，善急人之所急。光说不做是不行的，胡雪岩打动左宗棠还体现在他的行动上。他解了左氏的燃眉之急，为他做好了两件事：筹粮与筹饷。这两件事对左宗棠来说都是迫在眉睫的，现在胡雪岩主动地为他去掉了两块心头之病，当然也就换取了他的感谢和信任了。

第三，最重要的还是胡雪岩本人的真才实学。胡氏结交官场自有一套或以财取人，或以色取人，或以情取人的手法，然而这些对左宗棠而言都是不起作用的。左宗棠贵为封疆大吏，区区小惠根本不放在眼中，若是胡雪岩只是一个有意拉拢的庸人，左氏早就三言两语打发掉他了。而左宗棠之所以器重他并引为知己是因为胡雪岩有过人的才学，能助他一臂之力，是一名不可多得的人才。所以，他才愿意在胡雪岩的生意中加以援手，因为他知道，两人是互惠互助的关系。

当年杭州收复全赖左宗棠之功，而胡雪岩献出大米、捐助军饷，极有成效地主理杭州战后善后事宜，这一系列事情收到的一个直接的功效，就是得到了左宗棠的赏识和信任。凭着左宗棠的支持，胡雪岩的生意不仅在战乱之后得以迅速全面地恢复，而且也越做越顺，越做越大。到左宗棠西征新疆前后，他以"红顶商人"的身份，为左宗棠创办轮船制造局，筹办粮饷，代表朝廷借"洋债"，开始了与洋人的金融交易。到这时，胡雪岩才真正如履坦途，事业也终至如日中天，盛极一时了。左宗棠饮水思源，光绪四年（公元1878年）春，他会同陕西巡抚谭仲麟，联衔出奏，请"破格奖叙道员胡雪岩"，历举他的功劳，计九款之多。

胡雪岩的母亲七十大寿，不仅李鸿章、左宗棠这些红极一时的封疆大吏送礼致贺，就连慈禧老佛爷也特为颁旨加封。从此，胡雪岩走上事业的巅峰。

> **精妙点评**
>
> 从找跳板开始，到成大事，这是胡雪岩的经验！当然也是一般人从平凡到非凡的成功经验。

学会借助他力去攻击

> 借他人之力来补充自己的实力，是生存竞争的第一法则！常言道，他山之石，可以攻玉。有些奇怪现象，常令人思考，有些人虽然出力不大，但却能成事，有些人费尽九牛二虎之力，却收获甚小。道理何在？恐莫过于借力与出力之别。

窦光鼐，字元调，山东诸城人，乾隆七年（公元1742年）考中进士，后迁至内阁学士，乾隆二十年（公元1755年）被授予左副都御史，督浙江学政。他在浙江任上的时候，见浙江各县府库亏空，官吏们胡作非为，多有不轨，对百姓横征暴敛，便于乾隆五十一年（公元1786年）七月上书乾隆帝，奏明此事。他在奏折中说："臣闻嘉兴、海盐、平阳诸县亏数逾十万，为察覆分别定拟。"乾隆准其奏，特命尚书曹文埴、侍郎姜晟前往浙江调查。然而，调查的结果却与窦光鼐所奏的不符。和珅闻知此事，忙向乾隆帝进言："浙江吏治腐败，前往调查的诸位大臣所奏各个不一，其中定有虚假，皇上须派一位德高望重的大臣亲往探察，方能知晓实情，臣以为惟军机大臣阿桂可堪此重任。阿桂此去，必能查清此案。"然后，和珅又请求乾隆帝派他的弟弟和琳同阿桂一起去浙江办案。

和珅的高明也即在此。他的弟弟和琳此时只是一个笔帖式，一向没有什么功劳，而凭他多年的为官经验，窦光鼐所参奏的浙江府库亏空绝不会有假，阿桂此去定能查个水落石出。和琳跟随阿桂，什么都不用做，回京即可获享一个大大的功劳，可以借阿桂之实，使和琳得以升官。因此，和琳临行之前，和珅向他面授机宜，他只要秉公办事，凡事不要事先出头，只要跟着阿桂的动向即可。

果然，阿桂调查浙江一案，虽然其中多有波折，阿桂也因办案不力，袒护下属被乾隆帝斥责，和琳却凭空捡了个大便宜。案件结束后，已升为户部侍郎的和珅党羽苏凌阿，便向乾隆帝为和琳邀功："和琳虽官卑职小，但此次查案，甚为公正，且颇干练，终使案情大白于天下，显圣上持政整肃清正，和琳实应嘉奖。"乾隆帝于是将杭州织造的肥缺赏给了和琳，后不久又升为湖广道御史，和琳从此飞黄腾达起来。

和珅对这一计策运用得炉火纯青，借此不断壮大自己的声威，最重大的一次是保荐福康安去平复台湾之乱。

福康安，字瑶林，号敬斋，富察氏，满洲镶黄旗人。他的父亲傅恒是乾隆朝的大学士，曾被乾隆帝封为郡王忠勇公，是乾隆一朝的名臣。他的姑母即是乾隆皇帝的孝贤皇后。

福康安初为云骑尉，后累迁三等侍卫，户部侍郎，镶黄旗副都统，吉林、盛京将军，云贵总督，四川总督，两广总督，闽浙总督，成都将军，御前大臣，工部尚书，户部尚书，并被加封太子太保，一等嘉勇忠锐公和郡王贝子。福康安深得乾隆帝信任，一朝之中，大概除了年高德勋的阿桂，能和和珅抗衡的只有福康安了。和珅屡次想要排挤打击福康安，却终未成功，他们之间也因此交恶。据当时的乾隆使臣记载，福康安"稍欲歧贰于和珅，颇自矜持，收拾人心，而宠权相埒，势不两立"。

而台湾之乱，则由来已久。台湾岛素来以美丽富饶著称，大批大陆的民众迁移而至，由闽、广、浙沿海一带迁徙而来的客家人逐渐与台湾的土著民形成了相互对立的两方，经常发生冲突。所以，由大陆到台湾谋生的汉族百姓按籍贯结成帮派，彼此互相帮助，联合力量，以便求得生存和发展。由此，台湾出现了很多秘密组织，如天地会、铁鞭会、小刀会、铁尺会等。天地会是其中一个影响较大的秘密会社，首领为林爽文。

乾隆五十一年（公元1786年）七月，林爽文带领的天地会与台湾的另一秘密会社雷公会发生矛盾，群体械斗。台湾总兵柴大纪带兵镇压，捉拿了天地会会员张烈。林爽文率众会员劫走张烈，与官兵交战。激战中，还射死了官兵的一个把总。柴大纪追剿天地会，林爽文不得不率众起义，自称大师，椎牛歃血，制造军器，树起大旗，连夜进攻清军营地，大败清军。林爽文乘胜追击，一鼓作气攻下了彰化县城，杀死了城中的大小官员，在彰化以"顺天盟主"的称号发布告示："照得本盟主因文武贪污，剥民膏脂，所以本盟主顺天行道，共举义旗，剿除贪污，拯救万民，以快民心。"清军此后多次攻打，又全部被起义军杀退，处于严重被动挨打的局面。

这时，军机处向乾隆皇帝转呈了闽浙总督常青的急报：台湾彰化县贼匪林爽文结党设会，严重危害岛内安全，聚众滋事，大有愈演愈烈之势。十一月二十七日，彰化县俞峻在大墩拿贼时，县城也被贼众占据……，将台湾的复杂局势报告给乾隆皇帝。乾隆皇帝看罢，大为恼火，和珅立刻推荐自己的门生常青前去镇压，希望能够一举平定台湾，常青得以立功。谁知，常青更是酒囊饭袋，按兵不动，不敢出击，使乾隆皇帝迁怒于和珅。

和珅思来想去，想到了福康安。他明白乾隆皇帝对福康安的器重，在这样的危急时刻，乾隆皇帝也一定想到了福康安，自己何不就保荐他去台湾镇压叛乱，如果福康安能够得胜回朝，自己可坐享举荐之功，即使他败了，也可利用这一机会挫一挫他的锋芒。况且，乾隆皇帝知道他与福康安平日不和，如果这一次他能不计前嫌举荐福康安是有百利而无一害的。于是，和珅就向乾隆帝进言："常青年老无能，当务之急是要派一位真正能征善战的将军，只有陕甘总督福康安是最适合的人选，他足智多谋，身经百战，相信除他之外再没有别人足以当此重任了。"这一席话果然说中了乾隆帝的心思，不禁暗自夸奖起和珅来，想和珅毕竟不同于一般的大臣，他能不计前嫌，心地宽广，实在是难能可贵呀！于是，当即准和珅所奏，命福康安征台。和珅进而又向乾隆帝进言，派去增援的军人在精而不在多，台湾现有近十万大军，林爽文之徒不过是乌合之众，况且，大军过多，所需粮饷势必也会猛增，更加会滋扰地方，造成民众不满之情。

乾隆对和珅的建议一一采纳，下诏命协办大学士、陕甘总督福康安前往台湾替代常青，督办军务，又谕令海兰察为参赞大臣，护军统领舒亮、普尔普为领队大臣，各带内宫侍卫等二十人前往台湾，调湖南、湖北、贵州等地绿营兵各二千人，以及四川兵二千人，增援台湾。

福康安接到这一命令，不免大为不安。台湾与大陆隔海相望，贼匪众多，地势不熟，实是一场恶仗，再加上增援的大军统共不过六千人，怎能指望平定叛乱。然而，君命难违，只好率军一战。福康安在台湾征战一年有余，终于在乾隆五十三年（公元1788年）正月初五捕获了林爽文，将他押解京师。三月初十，林爽文被处以极刑，枭首示众。台湾之役才宣告结束。

乾隆五十三年（公元1788年）三月，乾隆帝亲自书写了《御制剿灭台湾逆贼生擒林爽文纪事语》、《御制福康安报生擒庄大田纪事语》和《御制平定台湾功臣像赞序》三篇文章。文中乾隆帝写道："夫用兵岂易言哉，必然凛天命，屏己私，见先机，怀永图，方寸之间，日日如在三军前，而又戒制时，念众劳，不肯图逸以遗难于子孙臣庶，借以屡成大勋，此非天地神明之佑乎，亦岂非弗失良心得天蒙鉴乎。"并命人用满汉两种文字镌刻在台湾府城及厦门新建立的三座碑上。

因平定台湾有功，乾隆帝赐福康安黄腰带、紫缰、金黄辫、珊瑚朝珠。赐和珅紫缰，并封为"三等忠襄伯"。

虽然和珅并未亲临战阵，但乾隆帝还是感到和珅功不可没，因大军军饷全赖他一人筹划。特赐诗一首，以示嘉奖。诗曰：

承训书谕兼通满汉，旁午军书唯明且断。
平萨拉尔亦曾督战。赐爵励忠竟成国翰。

福康安此次大功得来不易，他在台湾多次遇险，出生入死一年有余才得此嘉奖，而和珅只不过安居朝中，就被封为"三等忠襄伯"，实在是得益于他善于借助别人之势的本领。

精妙点评

世上有些事，令人费解正在于此。但是你又不得不去面对。你能够面对这个"借"字，有所思忖吗？

借人之势收拾战场

在现实生活中，"借人之势"一计普遍运用，其意是诱导同行或朋友之力战胜对方，以保存自己实力。这是"损下益上"求胜之法，即自己退避起来，借自己以外的人、事和物而达到自己的目的。如借"名人效应"及借助各式各样的机会来使自己有所作为。借势而起，说的就是借人之力来达到自己的目的，面对强大的对手，应该学会借人之势来镇住他，打掉他的张狂样儿。

"万事俱备，只欠东风"，这句话的意思是指天时、地利，是指机会。在处事做人过程中，看准机会，抓住时机，借助于现有条件或现成的机会以达到目的的做法，就是"巧借东风"的妙用。

"巧借东风"与"借梯登高"有相同之处，都是借助于外部条件获得成功，但二者又不尽相同。"借梯登高"强调的是借助于他人之力而达到目的，重要的是自己创造机会；而"巧借东风"强调的是借助于外物，如自然条件、金钱等物质条件，便于利用现成的机会以达到目的。

嘉庆四年（公元1799年）正月初三日，一个预料中的事件终于发生了。太上皇乾隆终于走完了他的人生历程，以八十九岁高龄病逝于养心殿，从而结束了乾隆时代。对于这位"十全老人"的安详逝去，朝野官员和平民百姓的反应是平静的，"皇城之内，晏如平日，少无惊动之意，皆曰此近百岁老人常事。且今新皇帝至孝且仁，太上皇真稀古有福之太平天子云"。而对于嘉庆来说，心情自然是矛盾的，一方面，作为一个孝子，丧父毕竟是不幸的；另一方面，作为一个嗣皇帝，却从此得以亲政，放开手脚去施展自己的抱负，按照自己的意愿去处理军国大事，这无疑又是不幸中的幸事。对此他也早有思想准备。

正月初四日，也就是乾隆病逝的第二天，嘉庆即命夺去乾隆宠臣和军机大臣和九门提督两职，只命他与福长安一道守值殡殿。这实为惩处和做准备。据朝鲜使者徐有闻说："正月初四日，既削和军机大臣、九门提督等衔，仍命与福长安昼夜守直殡殿，不得任自出入。又召入大学士刘墉、吏部尚书朱。朱为中伤，方巡抚江南。"

与此同时，嘉庆以上谕的形式，对乾隆年间的历史功绩进行了评价，其中说：

我皇考临御六十年，天威远震，武功十全，凡出师征讨，即使是边远的部落，无不立即荡平。再如内地乱民王伦、田五等，偶尔捣乱一下，也不过是数月之间，即就消灭，虽有经历数年之久，浪费粮饷至数千万两之多者，皆由带兵大臣及将领等全不以军务为事，只想着玩兵养寇，借以冒功升赏、寡廉鲜耻、损公肥私。即使是在京中的谙达、侍卫、章京等人，遇有军务事件，无不设法前往。而当他们从军营回京时，即使是平日里号称穷乏的官员，家计也是马上富裕，往往托词请假，并非实有祭祖省墓之事，不过是用所蓄之资，回家乡添置产业。此皆朕所深知。可见各路带兵大员等有意拖延，皆蹈此藉端牟利之积弊。

　　试想一下，肥私之资财，无不是勒索地方所得，而地方官吏之索取又何止二次？而且你们每次奏报打仗情形，小有所获，即虚报战功，纵然受挫打败仗，也总是千方百计地掩饰罪过，并不据实陈奏。推测他们的意思，总以为皇考年事已高，所以只将吉祥的话语入告。但军务关系紧要，并不容人稍有掩饰。他们历次奏报说斩贼数千名至数百名不等，有何证验？也不过是任意虚捏而已。如果稍有失利处，尤其应当据实奏明，以便指示机宜。似此掩败为胜，岂不贻误重事？军营积弊，已非一日。朕综理庶务，综名核实，止以人和年丰，平贼安民为上端，而于军旅之事，信赏必罚，尤不肯稍从假借。特此明白宣谕：各路带兵大小各员，均当洗心革面，力图振奋，务于春令前一律剿办完竣，绥靖地方。如果仍旧蹈袭欺骗掩饰、怠玩故辙，超过此次定期，也只好按军律从事。言出法随，不要以为幼主可欺。

　　这道上谕，实则揭露和专权下的种种积习流弊，无疑是对和的棒喝。结合当日剥夺和军机大臣、九门提督职务，明眼人不难看出嘉庆有意拿和开刀，故给事中王念孙和御史广兴等纷纷上奏弹劾和的种种不法行为。

　　据载，当时参与除掉和的只有几个人，而刘墉则是其中之一。又据

《随园诗话补遗批语》称，乾隆为太上皇时，刘墉不敢与和正面交锋，太上皇死后，刘墉"从而排挤之"。

正月初八日，嘉庆针对和长期把持军机处，任意封锁消息、扣压奏报的情况，上谕指出：

内阁、各部院衙门文武大臣，及直省督抚、布政、按察二司，凡有奏事之责者，及军营带兵大员等，以后有陈奏事件，都应直达朕前，不许另有副封奏报军机处。各部院文武大臣，也不得将所奏之事，预先告知军机大臣。即如各部院衙门奏章呈递后，朕可即行召见，面为商酌，各交该衙门办理，不关军机大臣指示也。何得豫行宣露，至启通同扶饰之弊耶？

同时，嘉庆以御史弹劾为根据，宣布夺大学士和、户部尚书福长安职，下狱治罪，特命仪亲王永璇、成亲王永前往宣旨，由武备院卿、护军统领阿兰保监押以行。并命永璇总理吏部、成亲王永总理户部及三库，从而为诛除和做了组织方面的准备。十一日，嘉庆为和问题特发上谕指出：

朕亲承付托之重，此时突遭皇考去世大故，守孝之中，每思《论语》所说三年无改之义，如我皇考敬天法祖，勤政爱民，实心实政，四海内外，人所共知，方将垂示万年，永为家法，何止三年无改？至皇考所简用的重臣，朕断不肯轻易更换，即使有获罪者，稍有可宽恕的地方，无不想法予以保全，此确实是朕的本意，自必仰蒙皇考明鉴……今和罪情重大，并经过科道诸臣列款参奏，实有难以宽恕之处。所以朕于恭颁遗诏之时，即将和革职拿问，胪列罪状，特降谕告知大家。

接下来便是发交各省督抚进行议罪。

各省督抚中，从前与和关系密切者巴不得赶快与之脱去干系；看不惯和所为者更是随声而起讨伐，纷纷要求将和凌迟处死。如直隶总督胡季堂上奏说："和丧尽天良，非复人类，种种悖逆不臣，蠹国病民，几同川楚贼匪，贪黩放荡，真一无耻小人，丧心病狂，目无君上，请依大逆律凌迟处死。"虽对比不当，但处死和的建议却颇合嘉庆心意。几天后，和被赐令自尽。

不妨总结如下：在处事做人过程中，借助于现有的条件和现成的机会而一举成功，是很不费力气的事情。运用这一妙计的诀窍在于以下两点：

（1）机不可失，即首先要抓住机会。机会是难得的，故此才有切勿坐失良机的劝世良言。像赤壁之战中的曹军，就是由于没抓住机会，再没有胜利的希望了。所以，要想不失去机会，就应当在机会失去之前，仔细观察分析，随时做好准备。

（2）巧借东风，即知晓机会，随时巧妙地加以把握。一直想当元帅的拿破仑，发现借助约瑟芬的力量可以争得远征埃及的机会，他便紧紧地把握住了这一时机，此举为他日后建功立业乃至为法兰西帝国奠定了坚实的基础。

> **精妙点评**
>
> 一个人的力量总是有限的,要想取得事业的成功,就应该善于借助各种有利条件,为我所用,从而增强自己的实力,为最后的成功奠定基础。

第四章

左右逢源：好关系靠自己去建立

人与人之间的"好关系"非常重要，常让人心动，并为之而努力。的确，谁也不愿自己一出门就遇到"对头"，一张口就让人"顶回来"，而希望自己无论身在何处都招人喜欢，这是人之常情，故人们常用"左右逢源"一词来形容人际关系。在为人处世时，聪明人总是善于寻找"平衡点"，求得方圆之道，避开各种矛盾，让自己在一种良性的人际圈中发展自己。

在左左右右中找到安全

> 一个人要善于寻找周围人事,力图在左左右右的复杂关系中,找到自己的安全点,换言之,即要权衡左右关系,才能找到不败的安全点,这需要左右逢源的技巧和手段。

随着武周政权的建立,外戚之首武承嗣的野心开始膨胀。易世革命实现之后,他开始竭尽全力谋求皇嗣的位置。现在位的皇嗣李旦在他的心目中根本就不存在,只是一个虚设的牌位而已。

武承嗣是武则天同父异母的哥哥武元爽的儿子。

武则天有两个同父异母的兄长,一名元庆,一名元爽,是武则天的父亲武士与前妻相里氏所生,相里氏去世之后,才娶武则天之母杨氏,杨氏生有三女,武则天排行第二。武则天的父亲谢世之后,家事为兄掌握,他们对武则天母女刻薄无礼,武则天母女自然衔恨在心。武则天的父亲既然身为大臣,两个兄长也在朝为官。

后来武则天做了皇后,杨夫人成为国后之母。一天,杨氏对两个儿子说:"还记得从前的日子吗?现在不同了吧?"言语之间,露出得意忘形的样子。

两个儿子却说:"这种事情弄得人怪不好意思的,妹妹现在做了皇后,人们会说我们现在有这个地位是因为妹妹,倒与先父没有什么关系了。"

弟兄二人仍是这样傲慢，杨夫人生气地把这件事情告诉了女儿。武则天便毫不留情地把这两个兄长贬为远省小县的县令。武元庆一到了大南方的龙州（治今四川平武县东南）就死了，元爽却死得不容易，他从濠州（治今安徽凤阳县东）又再一次被流配到更荒远的地方振州（治今广东涯县）后死去。

武元爽被流放到振州时，少年武承嗣同父亲一起在振州度过了艰难困苦的岁月。因此武承嗣懂得武则天既可以给武氏宗族以莫大的恩宠，同时对于那些反对她、不合于她心意的人也会毫不留情地加以惩处。他知道自己不可以恃宠孤行，也学会了如何察言观色，竭力博取武则天的欢心，来巩固自己的地位。

上元元年（公元674年），武承嗣被从振州召回，成为武则天亡父武士的继承人后，威势日甚一日地上升。光宅元年（公元684年），武承嗣封为礼部尚书，不久后又升为太常卿、同中书门下三品。垂拱中，转春官尚书，依旧知政事，载初元年（公元689年）代苏良嗣为文昌左相、同凤阁鸾台三品，兼知内史事。天授元年（公元690年），武则天做了女皇，封武氏兄弟俱为王，武承嗣被封为魏王。

武承嗣为武则天革唐为周卖了大力气，他支持武则天尽诛朝廷中的反对派，一扫唐朝宗室，他制造阴谋，打击陷害，不知有多少人死在他的手下。如今武则天做了皇帝，他认为自己作为武氏的继承人，理所当然应该成为皇储。

武承嗣的野心被凤阁舍人张嘉福所探知，为拍马屁，为自己将来地位的上升，他开始积极活动。作为朝臣，他不能直接公开出面，所以他就选择了洛阳人王庆之出头，自己躲在幕后操纵。

王庆之弄了一份请愿书，请求立魏王武承嗣殿下为皇太子，还征集了数百名市民的署名，并亲自率领市民代表拥到宫门前上书。

对于这一举动，文昌右相、同凤阁鸾台三品岑长倩十分气愤，指责道："太子（睿宗）殿下在东宫，何人如此不敬，胆敢制造骚乱！"他请求皇帝马上召见，严惩策划奉呈请愿书的人，告示受到煽动而附和的人们，让他们迅速解散。

武则天没有马上表态，她向另一个宰相——地官尚书、同凤阁鸾台平章事格辅元征求意见。

格辅元赞同岑长倩的意见，语气尖锐地说："太子在东宫并无任何罪过，现在要废掉而另立太子，这样做毫无道理。"

武则天认真地听着，思考着，但没有做任何答复。因为这个问题，她自己也没有想好应该怎样处理，她不甘心把自己费尽心力夺来的政权再拱手交还给李唐皇室的继承人李旦，但交给武承嗣她也同样不放心，立嗣问题是一个需要慎重考虑的问题，她需要一段时间去考虑。

但武承嗣等不下去了。武承嗣遭到了岑长倩等人的反对，非常恼怒，决心要除掉这些人，为此必须让岑长倩先离开皇帝身边，便上奏请以岑长倩为武威道行军大总管，西征吐蕃，这个计划非常容易地实现了，因为当时吐蕃正在侵扰西部边境。

岑长倩在出征途中，武承嗣就把来俊臣召来，要他罗织岑长倩、格辅元的罪名。

来俊臣抓住岑长倩的儿子岑灵原，毒刑拷打，胁迫他牵连以司礼卿欧阳通为首的坚决反对立武承嗣为太子的数十名朝臣。

欧阳通是唐初著名的书法家欧阳询的儿子。欧阳通在父亲去世时还很小，母亲徐氏便手把手地教他书法，并教导他不要玷辱儒者亡父的名声。

欧阳通仰慕父亲的书法与为人，勤奋攻读。仪凤年间升迁为中书舍人。这时母亲去世，为了表示他的悲痛，在母亲死后的四年中，每日上朝，从家到皇城门外总是赤脚步行。办完公事回到家中，换上麻布丧服，伏在什么也不铺的床上哭泣，夜里也这样睡。冬天，他就穿着一件薄薄的丧服，伏在冰冷的床上，家人在床上偷偷铺上毛毯，他就让人马上撤掉。

他就是这样一位忠实的儒家信徒，因此对于武承嗣要废太子争当皇储的活动自然十分反对。

岑长倩在西征途中被召回京城，与格辅元、欧阳通等数十人被捕入狱。他们在来俊臣的严刑审讯下，始终否认有"谋反之志"。

最后，来俊臣按照惯例伪造了一份谋反的"自供状"奏上。

天授二年（公元691年）十月十二日，以岑长倩、格辅元、欧阳通为首的数十名朝臣，一起被押往刑场处死了。

武则天觉察到岑长倩等人的罪名是莫须有的，是武承嗣密令来俊臣办的，从这一事件中她既看出了武承嗣不择手段以取代皇嗣李旦的野心，也看出了朝臣们誓死保卫太子旦和"光复唐室"的宏愿。她虽然意识到皇嗣问题应该马上解决，但仍然下不了最后的决心。

王庆之没有达到目的，又屡次求见。

到底立谁为皇嗣，武则天还没有理出头绪，因此对于王庆之的多次求见非常厌烦，于是命凤阁侍郎李昭德罚以杖刑。李昭德立即命武士将王庆之拉出光政门外，向群臣宣告说："此贼欲废我皇嗣，立武承嗣。"说完，将他扑翻在地，打得耳目出血，一命呜呼，也算是替岑长倩等人报了仇。王庆之的朋党，听说这件事，个个胆战心惊，一哄而散。

在这场争夺皇位继承权的斗争中，作为皇嗣本人的李旦，却处于一种十分可怜任人摆布、随意宰割的境地。

武则天仍旧在立李还是立武的两难境地之中徘徊，此时李昭德站了出来。李昭德是反武承嗣派的核心，他劝说武则天道："臣闻文武之道，布在方策，岂有侄为天子而为姑立庙乎！以亲亲言之，则天皇是陛下夫也，皇嗣是陛下子也，陛下正合传之子孙，为万代计。况陛下承天皇成顾托而有天下，若立承嗣，臣恐天皇不血食矣。"武则天听取了这个意见，放弃了改立武承嗣为皇太子的考虑。李昭德还密奏："承嗣陛下之侄，又是亲王，不宜更在机权，以惑众庶，且自古帝王，父子之间，犹相篡夺，况在姑侄，岂得委权与之？脱若乘便，宝位宁可安乎？"长寿元年（公元692年）八月，武承嗣罢知政事，李昭德入相。武承嗣又反谮李昭德，武则天说："自我任昭德，每获高卧，是代我劳苦，非汝所及也。"

精妙点评

人际关系是一门大学问，你细心为之，就会有收获，你粗心待之就会失利。因此，做智人者必善为之。

明哲保身以修方圆

> 每个人的潜意识中都有"不受伤害"这四个字,因为受了伤害就等于自己要面临被动之中。但怎样才能保身呢?其中必有方圆之道。这一点,令许多人思之、解之、用之,可为成功之法。

提起刘墉与他的父亲刘统勋,似乎人们脑海里马上闪现出一个疾恶如仇的清官忠臣形象。其实,这仅仅是从表面上看问题罢了。因为在封建社会皇帝一人独裁的情况下,一个大臣无论你多么能干,即使你有通天的本事,如果处处与皇帝对着干,老是逆龙鳞,其下场不仅好不了,而且你的官也不可能当长。

刘墉之所以能够在官场上左右逢源,得心应手,除了从刘统勋身上学到了疾恶如仇的正直之外,更从刘统勋那里学会了方正圆滑、明哲保身的糊涂为官之道,这才是他受益最大的秘诀。

在乾隆皇帝的眼里,刘统勋是个才品兼优的清官,也是个不辱皇命、与君一体的能臣,也正因为如此,他才能在众多汉官中脱颖而出,官拜东阁大学士,直至出任领班军机大臣。其最主要的原因,就是刘统勋精于方正圆滑、明哲保身的糊涂为官之道。

刘统勋的疾恶如仇、对皇帝忠贞不贰无人可比,否则他也不可能被乾隆帝打破汉人不能居军机大臣首席的惯例，并且在死后被称为"真宰相"。据《清史稿》记载："统勋岁出按事"，著名的如广东粮驿道员明福违禁折收钱粮案，云贵总督恒文、巡抚郭一裕借上贡之名勒索属员金钱案，山西布政使蒋洲侵蚀在册钱粮案，西安将军都赉克扣兵饷案，山西将军保德侵吞钱粮案，江苏布政使苏崇阿误论书吏侵蚀库帑案，江西巡抚阿思哈收受贿赠案等。几乎乾隆中期有关地方大吏贪赃枉法大案，无不由刘统勋负责审理，足以证明乾隆帝对刘统勋的信任和寄予的厚望。

当然，刘统勋的疾恶如仇是与对皇帝忠贞不贰紧密相连的，也就是说他的好恶标准，完全是以皇帝的喜好为转移的。甚至为了不惹怒龙颜，刘统勋不惜牺牲他人的利益，这就是他"方正圆滑，明哲保身"糊涂为官之道的精髓。

乾隆二十八年（公元1763年），癸未科新进士褚筠心和董东亭因向刘统勋求情不成，反而受损，就足以说明刘统勋明哲保身。

褚筠心和董东亭本为该科一榜中的巨擘，诗文、书法皆冠于一时。但二人唯恐殿试不得前列，于是，董东亭找到了主考大臣刘纶，褚筠心则找到了同为主考的刘统勋。

刘纶，江苏武进人，乾隆元年（公元1736年）以廪生举博学鸿词科，试第一，登入仕途，而后即以才能和品学官阶累迁，卒至文渊阁大学士。刘纶因与刘统勋同为乾隆帝赏识和选拔的得力大臣，又因与刘统勋同样清廉刚正，所以，两人被时人并称为"二刘"。为了加以区分，山东人刘统勋被称为"东刘"，而江南人刘纶则被称作"南刘"。据时人所言，刘纶赋性之洁、为人之正，丝毫不在刘统勋之下。

一次，侍郎王昶充军机章京，因有急奏，具草后，连夜奔赴时任军机大臣的刘纶府第。时值严冬，寒气袭人，刘纶亲自操笔为王昶点定后，即唤家人准备酒菜，然而其厨内却空乏无食，仅有白枣七数枚充做下酒菜。

但作为大臣而言，精通明哲保身之道的刘纶，除了清廉之外，尤以谨慎公正得人心，他不止一次地出任科举考试官，曾言："衡文始难在取，继难在去。文佳劣相近，一去取间，于我甚易，独不为士子计乎？"所以，凡是由他审衡的士子文章，总是反复比较，衡鉴甚精，以求不失于公正。

现在，褚、董二人为了殿试顺利过关，找到了这两位精通明哲保身的大佬，实在让他们为难，本来，如果不找的话，两人肯定是名列十名之内，但现在既然找过了，如果再将此二人点为榜首，"二刘"均担心于自己的清誉受损。于是，一向标榜唯才是举的"二刘"，采取了方正圆滑，明哲保身的糊涂之道，即二人均不得入前十名，最后的结果褚卷名列第十一，董卷第十二，褚、董二人不但营求未成，反而因之受累。

乾隆三十三年（公元1768年）夏天，两淮爆发了盐引案。乾隆皇帝准备查办两淮盐引案时，刘统勋的门生纪晓岚已擢为侍读学士，"常直内廷，微闻其说"，因为案中涉及纪晓岚的儿女亲家卢见曾，所以纪晓岚的心中十分焦急，因为一旦卢家有祸，纪家必受株连，如若通风报信，被人发觉，罪过将会更大。

纪晓岚思考到半夜，终于想出一个绝妙的办法。他拿了一撮食盐，一撮茶叶，装进一个空信封里，用糨糊把口封好，里外没有写一个字，派人连夜送到卢见曾家中。卢见曾接到信封之后，先是惊愕不解，后再三审视揣测，终于悟出其中奥秘："此盖隐'盐案亏空查（茶）封'，六字也。"于是，卢见曾急忙将剩余的资财转移到其他地方，所以当富尼汉率兵前往查抄时，"卢见曾家产仅有钱数十千，并无金银首饰，即衣物亦甚无几"。

当乾隆帝得知查抄卢见曾家产竟一无所得时，不禁勃然大怒，对刘统勋严厉地说道："查封卢见曾家财廷寄于六月二十五日驰发，而初次查办此案谕旨并未传抄，伊家何以早得风声，于十一、十八等日豫先寄顿？其中情节甚属可恶，岂有旨未到而外人已知之理，必须严切究审。"遂即令时任军机大臣的刘统勋负责查办。

在乾隆帝的严令敦促下，刘统勋等人细密侦缉，终于发现纪晓岚等"实漏言之人"。因为案前知道的只有刘统勋等少数几个军机大臣，而且此案又牵涉到他的学生纪晓岚在内，刘统勋如果不能妥善处理好，不仅纪晓岚要获罪，而且自己也难周全。于是，为了自保，刘统勋便据实出奏：查办两淮盐引一案，卢见曾先得信息，藏匿资财。讯问伊孙卢荫文，据供系他岳父纪晓岚先告知两淮盐务有"小菜银"一事，现在查办。他即于六月十四日差家人送信回家。

乾隆帝于是发上谕：所有漏泄此案情节之纪昀、王昶、黄骏昌，均著革职交刘统勋等分别严审具奏。

不久，刘统勋等又奏报审讯卢见曾转移资财一案处理意见，说先后查出卢见曾的学生、候补中书徐步云，伊戚翰林院侍读学士纪晓岚，并军机处行走中书赵文哲，军机处行走郎中王昶，漏泄通信，照例拟徒。其刑部郎中黄骏昌信口传说，业经革职，应毋庸议。

乾隆帝朱批说："徐步云与卢见曾认为师生，遇此等紧要案件，敢于私通信息，以致卢见曾预行寄顿，甚属可恶，著发伊犁效力赎罪。纪晓岚瞻顾亲情，擅行通信，情罪亦重，著发往乌鲁木齐效力赎罪，其余依议办理。"

王昶是乾隆十九年（公元1754年）进士，应两淮盐运使卢见曾之聘，教书其家。乾隆二十三年（公元1758年）补内阁中书，乾隆三十二年（公元1767年）调刑部郎中，乾隆三十三年（公元1768年）以泄露查办卢见曾案被革职。云贵总督阿桂带往军营效力，随军转战滇川。乾隆四十一年（公元1776年）还京授鸿胪寺卿，乾隆四十五年至五十四年（公元1780年～1781年），历任江西、直隶、陕西按察使、江西布政使，次年迁升礼部侍郎。乾隆五十八年（公元1793年）辞官归里。王昶是纪、卢两人的好朋友，又是两家结亲的大媒人，所以成为泄密者之一。

实际上，此案主要涉及者均与刘统勋有密切的关系。纪晓岚是他主持乾隆十二年（公元1747年）顺天乡试时所取之士，也是儿子刘墉的好朋友。王昶既是刘统勋的门人，当时又是他在军机处的得力属下，还是刘墉的好朋友。赵文哲、刑部郎中黄骏昌也都是他在军机处的属下。然而，在乾隆皇帝的强硬追查下，刘统勋都没有包庇他们，而且在量刑处理时也没有从轻发落。由此也可见其明哲保身的处事作风。

精妙点评

天下事本无难题，只要你自己有保身的方圆之道，就能计划好自己，运作好自己，才能不过多地被外人外事干扰。此道之绝，自有其秘诀之处。

看透之后再出手

> 人与人之间都是相互依存的，怎样才能做到你知我知，相当重要。这就是说，看透对方，才能不至于陷入误区，才能行之有效地处理棘手的问题。

"口蜜腹剑"是人们对唐朝宰相李林甫的最确切形容，李林甫自然是奸佞邪恶小人，而此处的"口蜜腹剑"则是刘邦用来对付奸佞邪恶的小人赵高的。

刘邦西进后，进展还算比较顺利。部众也由原来的数千人，发展到了近十万人，他踌躇满志地向武关进军。

武关，在今陕西省丹凤县境内，是古代秦国关中腹地的南大门。它背依高峻的少习山，俯瞰湍急的武关河。雄奇的关城，坐落在崇陵峡谷间一块较高的平地上。关城墙壁立如刀削，只有一门相通。自古以来，它就是秦楚交通的咽喉要地。春秋时期，这里开始设关，因山得名，称"少习关"。战国时期，秦国崛起，极力向外扩张，便改"少习关"为"武关"，寓含向东方各诸侯国耀武扬威之意。同时，对故关城墙大加修葺，使之与关中东部的函谷关、西部的大散关、北部的萧关并称为"秦之四塞"。

当年，楚怀王轻信秦国谎言，不听屈原等忠臣义士的劝告，亲赴武关与秦言和，结果被扣为人质，押解囚禁于秦都咸阳，最后客死他乡，酿成千古遗恨。唐代大诗人杜牧经过此地，忆起这段史迹，触景生情，写了一首《题武关》的诗：

> 碧溪留我武关东，一笑怀王迹自穷。
> 郑袖娇娆酣似醉，屈原憔悴去如蓬。
> 山墙谷堑依然在，弱叶强吞尽已空。
> 今日圣神家四海，戍旗长卷夕阳中。

刘邦率军来到武关，想起怀王的这段往事，也百感交集，慨然长叹。他环顾四周，但见崖高壑深，路窄难行，易守难攻。关上秦军，居高临下，虎视眈眈。刘邦心里盘算：如若驱兵强攻，势必造成惨重伤亡，一定要想另外的办法，以计取胜。

这时，营外通报：秦军丞相赵高派使来与刘邦讲和，声称：只要沛公答应与丞相合作，丞相愿意献出咸阳，二人平分关中，共同称王。

对赵高其人，刘邦很是了解。

赵高出身于原赵国一个贵族之家，后来家境没落，随父母流亡到秦国，因父母触犯了秦律，受到严惩，他也受牵连而被处以宫刑，沦为官奴，在秦王宫廷里服杂役。赵高对自己的"卑贱"地位一直耿耿于怀，总想千方百计出人头地，改换门庭，凭着他的小聪明，又通晓狱律法令，不久就赢得崇法尚刑的秦王政的欢心。

秦王政灭掉六国，更名为"始皇帝"，赵高亦被任为"中车府令"，管理宫廷车马辇舆，同时执掌秦朝的印符玉玺，为皇帝起草诏书命令，还兼任公子胡亥的师傅，给胡亥讲授法律。为了取悦胡亥，赵高常常把宫廷机密要闻透露给胡亥，胡亥因而把赵高当作知己。

秦始皇为求得长生不老之术，带着丞相李斯、中车府令赵高和幼子胡亥，进行第五次巡游。他祭祀完大禹又去寻找神仙乞求长生不老仙丹。百般折腾了好几天，仍然一无所获，就在返京路上身染重病而亡。

秦始皇临死前，嘱托赵高给远在上郡监军的大儿子扶苏写信，让扶苏赶快回咸阳来料理丧事，并继承帝位。可赵高忌恨扶苏为人正派，便串通胡亥，胁迫丞相李斯，销毁了秦始皇的遗命，伪造了一道诏书，逼使公子扶苏自杀，硬是把胡亥立为秦朝的二世皇帝，他自己则由中车府令擢升为"郎中令"，成为秦朝中央政府九卿之一，执掌宫廷门户，统率皇帝侍从，操纵了国家大权。

赵高假借二世皇帝之手，杀掉了多次大败匈奴、在北方监修长城的杰出将领蒙恬和他的兄弟蒙毅等一大批对秦朝赤胆忠心的官员，还杀死了胡亥的哥哥、姐姐等皇室宗亲好几十人，弄得"宗室震恐"，"群臣人人自危"。

李斯在秦始皇统一六国的过程中，曾经出了很大力。秦始皇对李斯也非常信任，由客卿而升为廷尉，又由廷尉而升为宰相，成为秦朝的实权人物。

可李斯有个很大的毛病，就是把个人的功名利禄看得十分重。他未出仕的时候，看见钻在厕所里的老鼠，吃的是粪便，还总是受到人和狗的惊扰，成天惶恐不安；而谷仓里的老鼠，吃的是粮食，住的是宽敞的库房，却不会遇到人和狗的恫吓，过得自由自在。他由此浮想联翩，大发感慨，说："一个人有没有出息，就好像'仓鼠'和'厕鼠'一样，完全是由所处的社会地位决定的。"

他给自己立下的政治信条为："地位卑贱，是莫大的耻辱；政治穷困，是莫大的悲伤。"赵高像一只逐臭的苍蝇，死死抓住李斯的这个弱点。秦始皇客死沙丘，他为了利用"丞相"这块招牌，极力用功名利禄诱惑李斯，终于迫使李斯就范，上了贼船，成为他篡权阴谋活动的骨干。

阴谋得逞，李斯立了大功，但却成了赵高索取最高权力的障碍。赵高决心除掉李斯，取而代之。

他装出一副博学多才的神态，对二世皇帝说："陛下身为天子，可知道天子怎样才能显得尊贵？"二世皇帝听不懂这个话，摇了摇头。赵高解释说："天子所以尊贵，就是让臣下只能闻声，不能见面。陛下年纪还轻，不一定样样事情都懂，如果坐在朝廷上，成天和大臣们议论国政，难免有的话会说错。天子说错了话，就会被臣下看轻。为陛下设想，不如深居后宫，等着大臣们奏事。事情奏上来了，在宫中和几个娴熟法令的人一块儿商量，商量出好办法了，再交给臣下去办，这样，臣子们都会以为陛下十分英明。"

二世皇帝认为这是个好主意，便天天深居后宫，与宫女们嬉戏玩乐，朝廷大事全被扔到一边。赵高掌管宫廷警卫，连丞相也不能进去奏事。李斯对此十分着急，去找赵高想办法。赵高告诉他："等皇帝空闲的时候，我再通知你入宫奏事。"此后，每当二世皇帝与宫女们玩得兴趣正浓时，赵高便派人召李斯进宫，因此，李斯每次来得都不是时候。结果事情没能奏成，还惹二世皇帝大发雷霆，认为李斯是有意找别扭。赵高趁机诬告李斯有野心，想当诸侯王，还说李斯的儿子李由与犯上作乱的陈胜、吴广相勾结。李斯被加上"谋反"的罪名下了大狱。

为了使李斯认罪，赵高指派亲信，扮成二世皇帝的使者，把李斯打得死去活来。李斯受刑不过，只好屈招。后来，被处死在咸阳街头。赵高这时的权力达到顶峰，登上相位，朝中一切由他裁决。然而他还不满足，于是，又演了一场"指鹿为马"的把戏。

这一天，二世皇帝临朝，赵高把一只梅花鹿牵到大殿上。二世和大臣们大眼瞪小眼，不知道是什么用意。赵高神情端庄地给二世皇帝行了一个礼，大声说道："这是臣刚刚得到的一匹宝马，诚心敬献给陛下！"

二世皇帝眨巴眨巴两眼，满脸疑惑地说："这是一头鹿，丞相怎么说它是一匹马？"

赵高仍是一本正经，声音又往高提了提，说："这明明是一匹马。请陛下再问问群臣，让他们鉴别鉴别。"

这一问，满朝文武大臣面面相觑，一会儿议论声四起，有的说是马，有的说是鹿。结果凡是说鹿的大臣，都给加上各种罪名，予以处决。从此以后，赵高说的话，谁也不敢反对。

赵高就是这样一个飞扬跋扈、奸佞无比的阴谋小人。尽管他能控制秦二世和朝中大臣，可对迅猛发展的农民起义军，却毫无办法。

刘邦率军向武关挺进的时候，派了一个叫宁昌的人"使秦"，以和平谈判为掩护，目的是打探秦统治集团内部的消息。刘邦的军队打到关中的南大门了，咸阳城里一夕数惊。赵高也沉不住气了，想了个以退为进的办法，派亲信人物代表自己赴武关与刘邦谈判，企图保住手中的权力。

刘邦虽然急于入关，早点做"关中王"，却不肯与赵高这样阴险的人物同流合污，但他觉得可以对赵高的阴谋加以利用。于是他十分热情地接待了赵高派来的使者，并煞有介事地与其谈判，同时故意把谈判的情况四处张扬，大造和谈将成的舆论。

武关守将初见大兵压境，惊恐万分，又是增派岗哨，又是加固城防，秣马厉兵，日夜警惕。如今看着朝廷派来的使者与刘邦谈判，双方置酒把盏，握手言欢，一颗高悬的心落了地，对部下的管束也不严了，派出去的岗哨也撤回来了。

第二天天色未明，刘邦出其不意，挥军进攻，一举攻占了武关。武关守将睡梦未醒，便束手就擒。赵高的使者见势不妙，慌忙逃回咸阳报信。

精妙点评

> 刘邦看透人心，巧妙应对，稳住对方，暗中布阵，然后一举攻城夺地，实是高明之策。这种手法，在谈判上是惯用的，但高明的竞争一定是胜过看透人心再出手。

在巧妙应对上用足劲

> 最聪明的人在人际关系这个圈中,总能发现自己身处何位,知道左右存在什么利害,然后巧妙应对,既不伤害自己,也不伤害别人。

巧妙应对一切,在诸葛亮的身上,可以说活灵活现,但是生活中又有几个诸葛亮呢,大多是臭皮匠!所谓"三个臭皮匠顶一个诸葛亮",只是给智商不高的人一种说法罢了,对于那些睿智的人来说,巧妙应对则是小菜一碟。

《三国演义》中根据历史故事改编的"曹操煮酒论英雄"一节非常精彩,这则故事在《华阳国志》、《献帝起居注》等当时史书中均有记载。建安四年(公元199年)夏,曹操挟天子以令诸侯,扫荡吕布,平定淮东,很是踌躇满志,在他心目中,袁绍、袁术、刘表三路诸侯只是匹夫而已,唯有被自己羁縻于许昌、无强兵可恃的刘备却是人中豪杰,如果放虎归山,将是自己争霸天下的强大对手,但他到底如何,自己心中也没底,就总是对他试探。

刘备则以韬晦计策虚静以待,每日装愚弄拙,只是种菜养花,装出一副胸无大志的样子。曹操对他仍很不放心,一日,决定请刘备到家中小宴,以观察刘备的虚实。

酒至半酣，忽然天云漠漠，骤雨将至。曹操问刘备道："龙这种神物，可比世间英雄。刘备你久历四方，见多识广，必知四方英雄人物，请指示一二。"刘备托词道："我一个肉眼凡胎，怎能识别英雄庸才，还是请丞相赐教。"但曹操不依不饶，刘备无奈，只得虚与委蛇，举出袁术、袁绍、刘表等人，但为曹操一一驳斥。刘备无法，佯装不知到底英雄是何方神圣，就问道："丞相到底以为谁可称得上英雄？"曹操突然手指刘备，然后自指，朗朗说道："今天下英雄，只有你我二人！"真是掷地有声！

好个刘备，却是闻言大吃一惊，将手中所执的匙筷吓得掉落在地，恰好此时正是雷声大作，电光一片。刘备从容拾起汤匙说："好大的雷声啊，把我吓了一大跳！"曹操笑道："大夫丈难道还怕雷吗？"刘备说："电闪雷鸣，还能不怕？"将刚才的失态轻轻掩饰过去了。

这里，刘备运用"反应术"，反弹琵琶，应对曹操，使曹操自此不疑刘备。

罗贯中这一章节是全书的精彩华章之处，将曹操的狡诈与锋芒和刘备的含而不露、韬晦不现的枭雄性格刻画得淋漓尽致。一个存心试探，一个着意防范；一个轻挑慢击，一个装傻作呆；一个单刀直入，一针见血，一个则惊语失态，借雷掩饰……一场集智慧、谋略的角逐戏表演得惊心动魄，扣人心弦。

韬晦之术自污其身的伎俩，常有奇效；除此之外，则是以退为进，暂时避开锋芒，将一摊子"烫手山芋"留给对手。

有一年中秋节，乾隆在清漪园闲暇无事，便令刘墉等一帮文人陪他去逛西堤。当时堤上种了许多果树，又正值中秋时节，各种果实挂满枝头，煞是好看。

刚走两步，乾隆便来了兴致。他吩咐随从太监在昆明湖里采了一个莲蓬，亲手剥开，尝了一粒莲子，又吐出来，随口吟出一句诗："莲籽心中苦"，并示意大臣对诗。

正当大臣们忙着琢磨皇上葫芦里卖的什么药，如何答对才好的时候，平时爱在皇帝面前讨好逞能的和珅，急忙抢先诌了一句："母猪肚里臭。"

乾隆听后把脸一沉，训斥他说："今日是中秋佳节，岂可以污言秽语来煞风景！"

和珅讨个没趣，赶忙跪地乞求免罪。

乾隆又瞟了刘墉一眼，示意让他对诗。刘墉虽不如纪晓岚才思敏捷，倒也能出口成章。他从容地从路边梨树上随意摘了一只梨子，咬了一口又吐出来，吟了一句："梨儿腹内酸。"

乾隆听后连连点头说："好诗！"随即又训斥和说："你要好好读点诗文，也要学得文雅一点。"

乾隆也是个好逞能的人，他见刘墉出口就对上了他的诗，心里又有些不是滋味，便成心想把刘墉难倒，好让他在大臣们面前出出丑，杀杀他的锐气。乾隆看见路边的柿树上挂满了青柿子，便对刘墉说："刚才那一联你对得很工整，朕赏你个大柿子吃。"

青柿子很涩，自然很难吃。乾隆的意思是看你刘罗锅子吃不吃。

只见刘墉高高兴兴地从太监手中接过青柿，说完"谢主龙恩"，从身上掏出一把小刀，把柿子分成几片送给几位大臣，他自己留下薄薄一片，并说："这是皇上的恩赐，我不能独享，请诸位分享吧！"

当着皇上的面，大家谁也不敢不吃，结果把大臣们涩得个个吐舌咂嘴，狼狈不堪。

乾隆又带着大臣们继续向南走。来到一棵大梨树下站住了，他让太监选了一个又大又黄的鸭梨，赏给刘墉吃。刘墉正好口渴得很，接过鸭梨便大口大口地吃了起来，还不断地说："真香！真甜！"

直看得旁边的大臣们流出口水来。乾隆问他："你这次为何不分给大家吃啊？"

就听刘墉说："我主万岁！这鸭梨虽然味道鲜美，人人想吃，我却不能把它分给诸位吃。皇上想啊，今天是团圆节，若是众大臣分梨（离）了，那还怎么能忠于皇上，保住咱大清的一统江山呢！"

乾隆听后乐得开怀大笑，说："刘墉，你的确机敏过人，你的保国忠心，朕是明白了。"随后就赏给刘墉三眼顶戴花翎，对他更加信任了。

事实上，历史上的和珅并不愚笨，他"性警敏，读书不多，而能强记。初官拜唐阿，值高宗驾出，于舆中默诵《论语》朱注，偶不属（忘下文），垂问御前大臣无以应，时提灯舆左，谨举下文以对，即日擢侍卫，不数年即登大僚。既贵，延吴白华省兰诸公于家，日与讲论今古，故于诗文亦相解。"

《清稗类钞·异禀类》"和珅记性绝佳"一条也说："和珅记性绝佳，每日谕旨，一见辄能默记，乃至中外章奏连篇累牍，仓促批阅，皆能提纲挈领，批却导窾，以故与闻密勿，奏对咸能称旨。此所谓才足济奸，聪明误用者。"世传和珅所做《元夕诗》云：

月色明许许，嗟余困未伸。

百年原是梦，廿载枉劳神。

室暗难挨暮，墙高不见春。

余生料无几，空负九重仁。

虽非佳作，倒也工整。此外，他通维吾尔等多种文字，在当时的统治集团里也是少见的。他之所以能受乾隆宠信，除了他善于巧妙应对，与他确有某些才干相关，更何况能讨乾隆这样一位自视文武双全的君主的欢心，本身就需要点机智聪明呢！

精妙点评

巧妙应对是为人处世时绝对不能少的手段，不可视之为可有可无。有些事情之成败，全在于你应对的灵敏度。

在明暗之中较量高低

较量是大智与小智之间的碰撞。我们知道，明暗之区别在于一道看不见的神秘线。这道线是两股势力对抗的战场。人与人之间，冲突与竞争在所难免，面对竞争，你应当学会站在明处，冷眼旁观，以静制动；面对冲突，你要学会照样站在暗处，以动制静，善于击中对手的薄弱环节。这叫在明暗之中较量高低。

纪晓岚入仕途较早，官升得也快，但当了侍郎、尚书后，十几年间却始终不能进入枢密机构军机处，不能不说是纪晓岚终生的大憾事。其中的缘由就是他得罪了和，而两人因审理海升案意见相左，是其"结怨之始"。

说是大案，案情其实并不复杂。乾隆五十年（公元1785年）四月，阿桂的亲戚、员外郎海升，因与其妻子乌雅氏发生争执而导致其妻死去。事情发生后，海升报告所管步军统领衙门说是自缢而死。步军统领衙门于是准备交刑部审讯，但海升的小舅子贵宁不相信他姐姐是自缢而死，所以不肯签字画押。于是经刑部奏请派大臣验尸。而当时和为军机大臣，曾有意借此牵连阿桂，主张重新验尸，即令新任左都御史的纪晓岚，会同刑部侍郎景禄、杜玉林以及御史崇泰、郑赝、刑部司员王士棻、庆兴前往开棺检验。经验证，纪晓岚等确定为自缢，以"臣等公同检验，伤痕实系缢死"上奏。

但尸亲贵宁认为检验不实，海升系大学士阿桂亲戚，刑部明显有意包庇，并将其情在步军统领衙门控告。这样一来问题变得复杂起来，它不仅涉及一干检验人员，更直接将大学士阿桂牵涉进来。乾隆一向讨厌大臣结党营私，现见如此多的大臣党附阿桂，自然不很愉快，又经和煽风点火，遂特派侍郎曹文埴、伊龄阿前往复查，两人复查后汇报说乌雅氏尸体并无缢死的痕迹。乾隆遂令阿桂、和和刑部主管、原验、复查各官一起再做检验，仍没有发现缢死痕迹。于是乾隆下令严讯海升，海升最终承认是他将妻子踢伤致死。

因此，乾隆降谕指出："此案原验、复查官员，竟因海升是阿桂的姻亲，均不免有顾虑和逢迎之处。从前刑部官员于福康安家人富礼善一案，有意徇情，致使元凶几乎漏网，多亏朕看出疑点，特派大臣复行严审，才使案情水落石出……不料你们不知悔改，在那一案件事过不久，又有此事出现！

"阿桂受朕深恩，于此等不肖姻亲事自不屑授意刑部各官，而刑部各官、御史即不免心存顾虑，及朕特派复查，仍胆敢有意包庇。如果不严加惩处，以后又怎么用人？怎么办事？

"此案阿桂已经自行议罪，请罚公爵俸禄十年，并革职留任，本应依照所请，姑且念此案究不比福康安包庇家人，而且阿桂还有功劳，著加恩改为罚俸五年，仍滞职留任。"

纪晓岚及其朋友王士棻遭重点指责："其派出之纪昀，本系无用腐儒，原不足具数，况伊于刑名事件素非谙悉，且目系短视，于检验时未能详悉阅看，即以刑部堂官所言随同附和，其咎尚有可原，著交部严加议处……王士棻在刑部年久，前因出差回京召见，观其人尚有才干，方欲量加擢用，乃于复验时回护固执，装点尸伤，逢迎阿桂，该员等均罪无可宥。叶成额、李𬳶、王士棻、庆兴亦俱著革职，发往伊犁效力赎罪，不准乘驿。

"曹文埴、伊龄阿经朕派出复验，若也如纪昀等人顾虑徇情，只知道迎合阿桂，蒙混了事，转相效尤，将来此风一长，大学士、军机大臣皆可从此率意妄为，即杀人玩法也必无人敢问了。假如真是如此的话，国事还能问吗？此案曹文埴、伊龄阿即能秉公据实具奏，不肯苟同徇情，颇得公正大臣之体，甚属可嘉，著交部议叙。"

从对此案的处理来看，乾隆明显有打击阿桂一派的倾向。刑部复查案件本有失误的可能性，而乾隆谕令一开始即将其同福康安包庇家人一事做类比，显然定性为朋比徇情，而且所处分的官员几乎全部是阿桂一派人。这不能不说与和在暗中煽动有关。而且，可以作为旁证的是，次年御史曹锡宝弹劾和纵容家人刘全招摇撞骗一案，乾隆即有"纪昀因上年海升殴死伊妻乌雅氏一案，和前往验出真伤，心怀仇恨，唆使曹锡宝参奏，以为报复之计"一说，如没有和操纵海升一案，乾隆又为何将两案相联系呢？

在此案中，纪晓岚的同年朋友王士棻，职位虽低，处罚独重。王士棻在刑部历久资深，且精于刑名之学，断案认真、周密为人称许，却不得重用。在海升殴死其妻乌雅氏一案中，他因坚持缢死一说而遭重罚，革职发往伊犁效力赎罪。对其不幸遭遇，纪晓岚深表同情和不满。嘉庆元年（公元1796年）王士棻死后，纪晓岚为他做墓志铭，称赞他说："鞫狱定谳，虽小事必虚公周密"，"凡鸣冤者，必亲讯，以免属吏之回护；凡案有疑窦，亦必亲讯，以免驳审之往还。""才余于事，又多所阅历，弥练弥精。"并引用王士棻的话说："刑官之弊，莫大乎成见。听讼有成见，揣度情理，逆料其必然，虽精察之吏，十中八九，亦必有强人从我，不得尽其委曲者，是客气也。断罪有成见，则务博严明之名。凡不得已而犯，与有所为而犯者，均不能曲原其情，是私心也。即务存宽厚之意，使凶残漏网，泉壤含冤，而自待阴德之报，亦私心也。惟平心静气，真情自出；真情出，而是非明，是非明，而刑罚中矣。"

如此精于刑名案件、办事认真公正的人，又怎么会徇情或误断呢？

只能说明王士棻断为自杀并不错，和等断为海升殴打致死不实。纪昀虽不敢明做翻案文章，但仍可窥见他对海升妻死一案获谴之人的同情与不平。

精妙点评

有些时候，在明暗中较量高低绝不可少！天下事总有许多出人意料的，就找不到关键，发现不了其动机，是很难得手的，与人打交道其理相同。

第五章

躲闪退让：人仰马翻是大失败

进退躲闪，是一种成事的办法。古往今来，能悟此方法者随处可见。也许你不禁要问：为何必须如此呢？因为进进退退、躲躲闪闪，总是一方所为，而另一方所不为。我们知道，双方对阵，一方欲进，另一方则退，否则就会产生"对垒"，有些人喜欢这种攻势，有人则不喜欢，前者多为激进求险，后者多为以退为攻。从长远角度看，后者更睿智、更巧妙。

进退结合及为人之常理

> 进退之学,历来为人重视,其隐含着做人办事之道。我们知道,人生中总有迫不得已的时候,该怎么办呢?大凡人在初创崛起之时,不可无勇,不可以求平、求稳,而在成功得势的时候才可以求淡、求平、求退。这也是人生进退的一种成功哲学。

(1)后撤是一门做人的哲学

后撤即后退。为什么要后撤,因为在往前面冲,就可能遭遇大麻烦,甚至大危险。换句话,也许退一步是为了更好地前进一步,这个道理,人人皆知,但有许多人就是做不到后撤一步,总是想向前逼近,结果是适得其反。在做人之智中,后撤哲学令人深思、反复玩味。

公元前496年,越王允常病亡,他的儿子勾践继位。范蠡和文种继续得到重用,主持越国军政。公元前494年,勾践得知吴国加紧练兵,准备伐越,决定先发制人,出兵攻吴。范蠡认为越国实力不充足,准备不充分,时机不成熟,劝勾践改变决定。勾践不听,坚持出兵,以舟师进攻吴国的震泽(今江苏太湖)。吴军迎战越军于夫椒(今太湖夫山、椒山)。结果,越军大败。勾践率残余越军退守会稽山,被吴军团团包围。这时,勾践方才悔悟,对范蠡说:"当初不听你的话,致遭如此失败。现在该怎么办?"范蠡认为,为了避免亡军亡国的结局,唯一的办法是求和图存，等待时机，另谋兴复。勾践采纳了范蠡的方策，派文种到吴国求和。经过多方努力，始得吴王夫差允许。自此以后，范蠡先是随勾践到吴国当人质，过了三年忍辱负重的奴仆生活。被遣返回国以后，又协助勾践"十年生聚，十年教训"，振兴越国，伺机灭吴。从公元前482年开始，范蠡以上将军之职，辅佐勾践组织和指挥灭吴之战。经过六年奋战，终于攻陷姑苏，灭亡吴国。然后乘胜北进，与中原诸侯会盟，取代吴国的霸主地位，横行江淮，称霸中原，国势达到鼎盛阶段。

在欢度胜利的时刻，范蠡采取了一个出人意料的行动。根据长期的观察体验，范蠡认识到，"大名之下，难以久居"，"且勾践为人，可与同患，难与处安"。如果继续留在越国，说不定哪一天就要灾难临头。于是决定辞官退隐。当越军凯旋到达五湖（今太湖）时，范蠡就婉言提出辞退的要求，说："为人臣者，君忧臣劳，君辱臣死。昔者君王辱于会稽，臣所以不死者，为此事（指灭吴称霸）也。今事已济矣，蠡请从会稽之罚。"（《国语·越语》）勾践假意挽留，软硬兼施，说："你听我的话，我就与你分国而治；不听我的话，就杀掉你和你的妻子儿女！"范蠡的态度也强硬起来，说："我知道了。你实行你的命令，我照我的意志办事！"遂携带财宝和从人"乘舟浮海以行"。勾践乐得除去一个潜在威胁，并不追寻，同时又划会稽周围二百里为范蠡俸邑，用良金铸造范蠡塑像，装出怀念功臣的样子。范蠡写信给文种，劝他早日离开越国。信中说："飞鸟尽，良弓藏；狡兔死，走狗烹。越王为人长颈鸟喙，可与其共患难，不可与共安乐。子何不去？"文种见信，称病不朝。有人诬告文种将要"作乱"。勾践借机"赐剑"文种，说："子教寡人伐吴七术，寡人用其三而败吴，其四在子，子为我从先王试之！"文种遂被迫自尽。越国赖以兴复的两大功臣，就这样落了一走一死的下场。

范蠡功成身退的结局说明，范蠡不仅善于谋国，而且善于谋身，当进则进，当退则退，因而得以避免文种那样的杀身之祸。苏东坡对此发表评论："春秋以来，用舍进退，未有如范蠡之全者也。"范蠡之所以采取这种功成身退的做法，是因为他看到了当时的一种带有规律性的社会现象："飞鸟尽，良弓藏；狡兔死，走狗烹。"当然，受历史条件的限制，他还不能透过现象看清它的本质。勾践所以过河拆桥，不能简单地归结于他的个人品德，更不是因为他长了一副长脖子尖嘴巴，而是由当时的社会制度和他的阶级本性决定的。在当时的历史条件下，君主和谋臣之间，是一种人身依附关系，也是一种相互利用的关系。具有自知之明的君主，知道自己的智力不足以应付错综复杂的斗争，"智不备于一人，谋必参诸群士"。特别是在创业阶段或处境危难的时候，都能程度不同地礼贤下士，虚心听取谋臣的意见。谋略人才则希望依靠有作为的君主，谋取个人的名利，施展自己的才能。但是，这种关系能够维持到什么程度，则以是否有利于君主的权力为准则。为谋臣者，最忌功高震主。勾践在会稽兵败、"十年生聚"的时候，能够比较虚心地听取范蠡、文种等人的意见，甚至宣称要和他们"共执越国之政"；而一旦大功告成，认为不再需要谋臣的帮助，甚至认为谋臣成为自己权位的威胁，就毫不犹豫地加以排斥和迫害。所以，在当时的社会历史条件下，范蠡的做法，不失为一种明智的选择。

唐代诗人胡曾《咏史诗》曰："不知范蠡乘舟后，更有功臣继踵无？"

范蠡的结局开辟了一条可供选择的道路，给后人留下了一个值得深思的问题——在人生关键时刻要记住退重于进！

（2）在进退之间明白人生道理

上述例子，讲以退为重，以退求稳。下面这个例子亦然，同样表明在进退之间明白人生道理。早在安庆战役后，曾国藩部将即有劝进之说，而胡林翼、左宗棠都属于劝进派。劝进最有力的是王闿运、郭嵩焘、李元度。当安庆攻克后，湘军将领欲以盛筵相贺，但曾国藩不许，只准各贺一联，于是李元度第一个撰成，其联为"王侯无种，帝王有真"。曾国藩见后立即将其撕毁，并斥责了李元度。在《曾国藩日记》中也有多处诫勉李元度慎审的记载，虽不明记，但大体也是这件事。曾国藩死后，李元度曾哭之，并赋诗一首，其中有"雷霆与雨露，一例是春风"句，潜台词仍是这件事。

李元度联被斥，其他将领所拟也没有一联合曾意，其后"曾门四子"之一的张裕钊来安庆，以一联呈曾，联说："天子预开麟阁待；相公新破蔡州还。"

曾国藩一见此联，击节赞赏，即命传示诸将佐。但有人认为"麟"字对"蔡"字不工整，曾国藩却勃然大怒说："你们只知拉我上草案树（湖南土话，湘人俗称荆棘为草案树），以取功名，图富贵，而不读书求实用。麟对蔡，以灵对灵，还要如何工整？"蔡者为大龟，与麟同属四灵，对仗当然工整。

还有传说，曾国藩寿诞，胡林翼送曾国藩一联，联说："用霹雳手段；显菩萨心肠！"

曾国藩最初对胡联大为赞赏，但胡告别时，又遗一小条在桌几上，赫然有："东南半壁无主，我公其有意乎？"曾国藩见之，惶恐无言，将纸条悄悄地撕个粉碎。

左宗棠也曾有一联，用鹤顶格题神鼎山，联说：

> 神所凭依，将在德矣；
>
> 鼎之轻重，似可问焉！

左宗棠写好这一联后，便派专差送给胡林翼，并请代转曾国藩，胡林翼读到"似可问焉"四个字后，心中明白，乃一字不改，加封转给了曾国藩。曾阅后，乃将下联的"似"字用笔改为"未"字，又原封退还胡。胡见到曾的修改，乃在笺末大批八个字："一似一未，我何费词！"

曾国藩改了左宗棠下联的一个字，其含意就完全变了，成了"鼎之轻重，未可问焉"！所以胡林翼有"我何费词"的叹气。一问一答，一取一拒。

曾国藩的门生彭玉麟，在他署理安徽巡抚、力克安庆后，曾遣人往迎曾国藩。在曾国藩所乘的坐船犹未登岸之时，彭玉麟便遣一名心腹差弁，将一封口严密的信送上船来，于是曾国藩便拿着信来到了后舱。但展开信后，见信上并无上下称谓，只有彭玉麟亲笔所写的十二个字："东南半壁无主，老师岂有意乎？"

这时后舱里只有曾国藩的亲信倪人皑，他也看到了这"大逆不道"的十二个字，同时见曾国藩面色立变，并急不择言地说："不成话，不成话！雪琴（彭玉麟的字）他还如此试我。可恶可恶！"接着，曾国藩便将信纸搓成一团，咽到了肚里。

当曾国藩劝石达开降清时，石达开也曾提醒他，说他是举足轻重的韩信，何不率众独立？曾国藩默然不应。

此事对曾国藩来说，不敢乘势而进，是怯懦，顶住众人压力是勇敢，这进退去从之间谁能分辨得清，谁又能把握得好呢？

精妙点评

> 在进退关系上，曾国藩把握得极好，他不愿只做一个只知进而不知退的人，因为他相信这样一句话："退身可安身，进身可危身。"

以退为进才能站稳脚跟

> 人生成败与进退术有很重要的关系，不善进退者，自然是败者。我们知道过于激进者，常会自以为聪明至极，从而在某一天突然遭到大败。因此进是基于摸准对方心理的行为——只有摸准对方，才能进行有效的行动，这是人际交往的基本道理。有头脑的人在这方面做得很出色，即摸透对手的弱点，以退为进，把"退功"发挥得淋漓尽致。

成帝绥和元年（公元前8年），38岁的王莽当上大司马。辅政才一年多，成帝就去世了。哀帝即位，39岁的王莽成了先帝老臣。一朝天子一朝臣。王莽应该退位，让新的天子组织新的朝廷。太后就诏令王莽就第，回到自己的封地去。

汉代制度，刘氏子弟封王立国，如刘濞立为吴王，管三郡五十三城，称为吴国。景帝子刘端立为胶西王，则有胶西国。有王有国，所谓"王国"。这些都是诸侯王、诸侯国，与大一统的国家是不同的概念。大的诸侯国像吴国管三个郡，小的如胶西国只有一个郡，刘端死后，胶西国改为胶西郡。汉武帝时，胶西与城阳、菑川、济南、济北国合并为齐郡。从《汉书·地理志》中可以看到，郡所属的县，也称国，或侯国。如汝南郡所属的阳城、安成、南顿、宜春、女阴、弋阳、上蔡、项、归德、安昌、安阳、博阳、成阳等县都是故国或汉代侯国。被封为列侯的，就有一个地盘相当于县那么大，属于其统治范围，每年从在这地盘上生活的百姓那里收取租税，供自己消费。这就是侯国，也简称国。在自己的国中有自己的宅第。许多封了侯的人并不在自己的封地上生活，而是到朝廷参与政事。有些诸侯王也在首都居住，并没有到封地上。有时，由于政治斗争的原因，不让列侯参与政事，就要遣送他"就国"或"就第"。如果有罪，那就"免为庶人"，更严重的罪行，就要法治。"就国"是保留爵位，免去官位职权。"免为庶人"，就是取消爵位，成为平民百姓。

太后要王莽"就第"，就是要王莽回到封地去。王莽封的是新都侯，地址是南阳新野的都乡，居民1500户，每年可以从这些居民中收到一定数量的赋税。他当大司马时，俸禄比较高，他就将封地上收来的赋税（邑钱）全部用于招待士人，表现他尊贤礼士的志向。当太后要他"就第"时，他就"上疏乞骸骨"。臣子向皇帝写信，就叫上疏。"乞骸骨"是中国封建时代的特殊用语，是官员向皇帝提出辞职退休的意思。乞求皇帝允许他将骸骨带回故里或封地。

刚即位的哀帝派遣尚书令告诉王莽，说明不同意他辞职。又派丞相孔光、大司空何武、左将军师丹、卫尉傅喜向太后请求，说"大司马即不起，皇帝即不敢听政"。王莽不管事，皇帝就不干了。在这种情况下，太后又令王莽干事。似乎在皇帝请求、太后允许、各大臣拥护下，王莽才出来辅政。这么"乞骸骨"，提高了身份，更巩固了他"大司马"的地位。

在身处各种角逐场中的人，常会遭到意想不到的危机。我们从历史上看到，李斯得到秦始皇的信任，却死于秦二世手里，贾谊得到汉文帝的赏识，却遭一批老臣的排挤。有赤诚之忠心者如比干、如屈原、如伍员、如蒙恬、如晁错，尽忠而死者比比皆是，因而留下了美名。文天祥的两句诗对此作了概括："人生自古谁无死，留取丹心照汗青。"有狡猾手段的如赵高，如后来的秦桧之流，虽然曾经一时得势，终究不能长久，也常有大祸临头的时候。因此，子石登吴山而四望，感慨而叹息："欲明事情（说真话），恐有抉目（伍员）剖心（比干）之祸；欲合人心（附和当政者），恐有头足异所（纣四臣）之患。"可见，君子常处于左右为难、进退维谷的危险境地中。后人有"伴君如伴虎"的说法。

王莽身居"三公"的大司马之位，又是太后的侄儿，似乎非常稳当了，而突然遭变，则出乎意料。当时，哀帝的祖母定陶傅太后和母亲丁姬都健在，高昌侯董宏拍皇帝的马屁，提出："《春秋》之义，母以子贵，丁姬宜上尊号。"儿子当了皇帝，亲生母亲丁姬应该有尊贵的称号。秦始皇的生母夏氏和养母华阳夫人，在秦始皇即位以后都称为太后。意思是说丁姬也应当尊为"太后"。这时左将军师丹和大司马王莽共同攻击董宏，说他引亡秦作比喻，是"大不道"。哀帝新接班，采纳老臣的意见，"免宏为庶人"。傅太后大怒，强迫哀帝给她上尊号。哀帝就将傅太后尊为共皇太后，丁后为共皇后。这时有人又提出：定陶共皇太后中的这个"定陶"番号与皇太后这个大号不协调。应该去掉"定陶"这个番号，许多人表示同意。但哀帝的师傅师丹不同意，用定陶是妻从夫之义。定陶共皇的妻子当然要用定陶共皇太后。定陶共皇名义已经先确定了，就不能改动。儿子不能给父亲授予爵位，这是对父母的尊重，怎么能改动父亲的爵号呢？这自然只是一场争论。后来有一天，皇帝在未央宫设宴，主持者为傅太后安排一个座位，靠在太皇太后旁边。实际上，傅太后与元太后处在同等尊贵的地位上。王莽去视察，发现这种安排，认为傅太后是藩妾（指定陶），怎么能跟至尊的太皇太后并列，就让主持者撤去这个座位，在别处另设一个座位。傅太后知道后，大发雷霆，不肯赴宴，痛恨王莽。

王莽怎么办？他再一次"乞骸骨"，希望还像上次那样，有太后和其他同僚出面保荐，皇帝真诚挽留。但是，他的希望落空了。没有谁敢于出面保荐，皇帝也没有挽留他的意思，赐给他黄金500斤，安车驷马，罢掉大司马的职务，不到40岁就回到自己的封地养老去了。王莽走后，公卿大夫大多称颂王莽的政绩，皇帝耳软，又加恩宠，派使者到王莽家，又将黄邮350户加封给王莽。两年后，傅太后、丁姬都称尊号，这时，丞相朱博就出来翻老账，说王莽当时反对给傅太后、丁姬上尊号，是亏损孝道，应该斩首示众。幸蒙宽赦，也不应该有爵位，请求免为庶人。朱博主张取消王莽爵位。这时，皇帝心软，王莽又与太皇太后是亲属关系，不同意免为庶人，只是遣他回自己的封地去。

宫内有傅太后经常发难，朝廷上有丞相朱博这一类人揪住王莽不放松，别人也帮不上忙，连太皇太后也感到无能为力，汉哀帝也逐渐向傅太后屈服，而王莽的处境就十分困难了。

尽管在不利的情况下，王莽也有保护自己的能力。他首先采取杜门谢客的办法，夹着尾巴做人，少跟外人来往，避免惹是生非。其次，处事谨慎，严以律己，他的第二个儿子王获杀了奴仆，王莽狠狠地责备了一番，还要他自杀。这也是逆境中自我保护的一种办法。第三，王莽回到新都封地时，南阳太守派孔休为王莽服务，王莽患病，孔休做了护理工作，王莽很感激，就将玉器和宝剑送给孔休，孔休不肯收。孔休可能怕因此受到牵连，这也说明王莽当时的处境。

精妙点评

进退之道是一种在不得已的情况下，解决问题的最稳妥的办法。也许，对于那些有头脑的人来说，暂时的退是为了下一次更猛烈的进。

身处弱势，必须以退为攻

退步有时是为了获得更大的进步，就像体育运动中的跳远一样，为了跳出好成绩，退几步是必然的。许多人对后退常常不理解，认为是一种倒退。事实上，在前进中，双方对峙势均力敌的时候，干耗不是出路。当有一方出现异常而后退时，他的目的很明显：打破僵局，争取最大的冲击力。同样，生活和学习也是一样，在走进犄角而不能摆脱时，我们把问题放下，做一些其他的

> 事情，在经过一段的放弃和精神松弛后，原本复杂的难题此时也许会变得非常简单，这就是以退为进，调换思维的结果。

曹操不乏英雄气概，但他也有退让的时候。他迎献帝都许昌后，并不是万事大吉，他当时还不能"挟天子以令诸侯"。相反，曹操一时成为世人瞩目的人，也可以说成为众矢之的。而曹操这时的力量并不强，与袁绍等人相比，更处于弱势。因此曹操采取后发制人的方略，将袁绍打败。

曹操的得势，袁绍有些后悔，他摆出盟主的架势，以许县低湿、洛阳残破为由，要求曹操将献帝迁到鄄城，因鄄城离袁绍所据的冀州比较近，便于控制献帝。袁绍还考虑到，鄄城是曹操的地盘，曹操容易答应。可是曹操在重大问题上不让步，断然拒绝了袁绍这一要求，而且还以献帝的名义写信责备袁绍说："你地大兵多，而专门树立自己的势力，没看见你出师勤王，只看见你同别人互相攻伐。"袁绍无奈，只得上书表白一番。

曹操见袁绍不敢公开抗拒朝廷，便又以献帝的名义任袁绍为太尉，封邺侯，实际上是试探。太尉虽是"三公"之一，但位在大将军（不常设）之下。袁绍见曹操任大将军，自己的地位反而不如他，十分不满，大怒道："曹操几次失败，都是我救了他，现在竟然挟天子命令我来了。"拒不接受任命。

曹操感到这时的实力还不如袁绍，他不愿意在这个时候跟袁绍闹翻，决定暂时向他让步，便把大将军的头衔让给袁绍。自己任司空（也是"三公"之一），代理车骑将军（车骑将军只次于大将军和骠骑将军），以缓和同袁绍的矛盾。但由于袁绍不在许都，曹操仍然总揽着朝政。

与此同时，曹操安排和提升一些官员。以荀彧为侍中、尚书令，负责朝中具体事务，以程昱为尚书，又以他为东中郎将，领济阴太守，都督兖州事，巩固这一最早根据地；以满宠为许都令、董昭为洛阳令，控制好新旧都城；以夏侯惇、夏侯渊、曹洪、曹仁、乐进、李典、吕虔、于禁、徐晃、典韦等分别为将军、中郎将、校尉、都尉等，牢牢控制军队。

尽管如此，曹操还是表现得很谦恭，或者说颇有一段韬光养晦的日子。

比如杨奉荐举曹操为镇东将军，袭父爵费亭侯。曹操于是连上《上书让封》、《上书让费亭侯》、《谢袭费亭侯表》等，表明他"有功不居"。

在《上书让封》中曹操说：

我扫除强暴和叛乱，平定了兖、青二州，四方长官前来朝贡，皇上认为是我的功劳。从前萧相国因为用关中来支援前线的功劳，全家都得到封赏；邓禹因为帮助光武帝平定河北的功劳，得到了几个城的封地。按照实际，考核功绩，并不是我的功勋。我祖父中常侍费亭侯，当时只是随从皇帝车辆，服侍左右，既不是首要谋臣，又没有战功，到我已经三代都享受封爵。我听说《易经·豫卦》上说："利于封侯进军。"就是说有功的人才应当晋爵封侯。又《讼卦》六三爻辞说："靠祖宗的功德吃俸禄，或者替王朝办事有功吃俸禄。"这是说：祖上有大功德，或者替王朝办事有功的，子孙才得吃俸禄。我想陛下对我降下像天地一样大、云雨滋润万物一样厚的恩泽，往上，记下我先辈服侍皇帝的应尽职责，又取我在兵事上像犬马奔走的效用，下诏奖励，给我的荣誉实在太大，不是我这愚蠢无才的人所能担当得起的。

在《上书让费亭侯》中谦恭地说：

我再三思考，祖先虽有扶助皇帝的微功，但不应受到封爵，何况到我已经三代。如果记下我在关东讨伐董卓的微小功劳，那都是祖宗神灵的保佑，皇上的圣德，难道是我的愚蠢鄙陋所能担当得起的。

在《谢袭费亭侯表》中又说：

以前大彭辅佐殷朝，昆吾帮助夏禹，功业成就以后，才对他们进行封赏。我的品德不行，统军没有战绩，屡次受到特殊的恩宠，下令褒奖我的功绩，不到一个时辰，三次诏命先后到来。给我双重的金印紫绶，让我担当一方的重任，我虽不明大义，也约略懂得自己的不够。

曹操深知自己还是弱者，因此对袁绍的要求要尽量满足，对朝廷的封赠表现出"力所不及"的谦恭。等到羽毛一丰满，他就大张挞伐，在所不计了。

官渡一战，曹操彻底打败了袁绍，但曹操还要在舆论上争取更多的支持者，以在心理上彻底打垮袁绍。因而，曹操上书献帝，讲袁氏家族世受国恩，却多不轨之徒，因此才举义兵收暴残。这是曹操善于利用舆论为自己表功的又一典型例证。

曹操用后发制人打败袁绍后，又以大英雄的心胸举止，来了个惺惺惜惜之行动。

袁绍官渡兵败，仓皇北还，不久即忧郁成疾，同年五月吐血而亡。

曹操攻破邺城，即令非其将令，不得擅入袁宅。当曹操完全控制了邺城后，做了一件常人无法理解的事，但于英雄又极富传奇色彩的事：泪祭袁绍。

他亲到袁绍墓前致祭，痛陈时世艰难，生灵涂炭之苦痛，历数他与袁绍相知相交，相约救民于水火的人生历程，又赞叹袁绍英雄业绩，但又终于人生行迹各不同云云。

风吹着袁绍的墓碑，头上有旗幡飘拂。曹操情辞激切，三军将士既感动又莫名其妙。因为他们俩到底是敌人呀！有说曹操是"匿怨矫情"。

曹操为什么要祭奠袁绍——一个曹操非常害怕的对手，一个最后国破家亡的败军之帅呢？

是的，袁绍是败了，且一败涂地。但谁又是永恒的胜利者呢？袁绍曾经不也是一个胜利者吗，一个赫赫然不可一世的英雄吗！

宋人刘敞在《题魏太祖纪》中剖白了曹操的心情，应当说甚得真意。他说，董卓乱国，袁、曹结盟，其艰难周旋，共当祸福。这其间有患难真情。等到后来各成气候，各人心目中又都有一个远大的目标，于是又互不容忍，乃至相互攻击，运兵血战。这并不是有什么硬是过不去、化解不了的世仇宿怨，不过彼此都要伸张自己的意气、志愿而已。到最后，胜负既明，国破家亡，曹操虽成大功，但这并不是当初他们相约时所愿看到的。因而，惺惺相惜，衷心感动，自然而然伤神陨涕，这就是所谓慷慨英勇之风也，必不能为心胸狭窄，小有所成则得意扬扬，幸已成、乐人祸之辈所理解。

又说："且夫为天下除残，则推之公义，感时抚往，则均之私爱，此明取天下非己义，破敌国非己怨也，其高怀卓荦，有以效其为人，固非龌龊之辈所能察也。"这里的"推公义"、"均私爱"，可谓将曹操祭袁绍之动机心情说尽。

精妙点评

身处弱势者，一定要巧妙避开对方的锋芒，从对方弱处找机会，寻找以退为攻的机会。

屈伸有度，熬过艰难关头

> 屈伸相对，屈可为退，伸可为进，合为躲闪之功。在较量的各种场合，都不能不注意屈伸，否则就会掉进悬崖。有人说，屈伸有度，进退自如行天下，这是明白人熬过艰难关头的智举。

在长期的军事斗争生涯中，朱元璋非常注意斗争策略，从不凭一夫之勇蛮冲蛮打，鲁莽行事。有时候，敌人的力量相对强大，朱元璋能够保持清醒的头脑，不冒险攻击敌人，甚至做出某些让步，从长计议，以免吃眼前之亏。他很清楚，在军事斗争中，只贪一时之功，图一时之快，解一时之恨，危害是非常大的，有时还可能导致全军覆没，前功尽弃。

只有具备了长远眼光和全局观念,有屈有伸,善于斗争,才有可能得到发展,夺取最后的胜利。

至正十三年(1353年)十月,元朝丞相脱脱率师围高邮,分兵攻六合。六合的农民起义军派人到滁州来向郭子兴求援,郭子兴派朱元璋领兵出救。元兵排山倒海般地攻过来,六合城防御工事全被摧毁,朱元璋等将领指挥守兵拼命抵抗。后来,实在抵抗不住了,朱元璋只好组织全城军民撤退到滁州。元兵跟踪追击到滁州城外,朱元璋于中途设下埋伏,令部将耿再成伪装败阵逃走,引诱元军进入了伏击圈,把元军打得大败。这时,朱元璋十分清醒地意识到,虽然眼下打了个胜仗,但元军势力很强大,而滁州却是孤城无援,若元军再增兵围攻滁州,一定会吃大亏。于是,朱元璋就令城中父老把战场上获得的元军马匹辎重,并带牛、酒奉还元军。还告诉元军将领说:滁州城中全是良民,现在聚集在一起,纯粹是为了防御寇盗。我们愿意供应给大军军需给养,你们怎么分兵来打滁州呢?应当去攻打高邮才对,饶了这个地方的老百姓吧。元军打了败仗,丢失了一大批马匹和其他军需物资,害怕受到上司怪罪。正万般无奈时,一见来人送回了马匹辎重,还说好话求情,就引兵离去,"滁城得完"(《明太祖实录》卷一)。尽管朱元璋把元军引向高邮是不太道德的,但是,这仍不失为一个保全自己的好计策。

至正二十一年(1361年),元朝大将察罕帖木儿进军山东,几乎占领山东全境。北边的军事形势急转直下,不但小明王的都城安丰难以保住,就连朱元璋的根据地应天也随之暴露在敌人面前,情势岌岌可危。朱元璋十分清楚,他所占领的地区几年来之所以比较安定,军事力量之所以得到了迅速发展,全凭小明王的红巾军主力在北边掩护。现在局势突变，万一安丰失守，就得直接面对元军的主力进攻。分析敌我实力，实在相差太远，硬打硬守显然是不行的，必须想出一个妥善的办法，避免和元军主力决战，以图生存和发展。在这种情况下，朱元璋决心向察罕帖木儿求和。他两次派使臣去见察罕帖木儿，送上重礼和亲笔信，请求通好，实质上就是表示投降。察罕帖木儿的威胁暂时解除了，于是，朱元璋抓住这个时机，西攻陈友谅。

朱元璋在对敌人发动进攻的过程中，有时遇到敌人实力较强，自己消耗太大，强攻得不偿失，他就会主动停止攻击，以等待时机。朱元璋渡江建立江南政权以后，为了安定自己的这个刚建立起来的大本营，就下决心先攻打张士诚。至正十七年（1357年）七月，朱元璋在攻下常熟后，觉得张士诚部队的战斗力较强，有的据点动用兵力大，攻击时间长，很不容易对付，再打下去，不太合算。于是，他就主动中止了对张士诚的攻势，而把进攻的矛头指向浙东方向的元朝统治区。

朱元璋能够在瞬息万变的战争中，抓住有利时机，采取军事行动，以取得理想的战果。

至正二十七年（1367年）前后，北方的几个元朝将领为争军权、抢地盘，一心一意打内战，拼得你死我活，杀得昏天黑地，谁也顾不上反元的势力。在军事将领之间打内战的同时，元朝统治阶级最上层宫廷的内部矛盾，也日益激化了。宫廷的权利斗争与军队的相互厮杀有着密切的联系，并且相互利用，元朝统治阶级就分裂成为两个相互倾轧、残杀的集团。双方都要争夺政权，都有贵族官僚支持，都有军事力量作后盾，势均力敌，斗得不可开交，逐步形成了一个"鹬蚌相争，渔翁得利"的局面。朱元璋就抓住元朝内部打得难解难分、无暇他顾的有利时机，乘机东征南伐，扩大地盘，充实军事力量。当朱元璋北伐大军临近城下时，元朝的军事将领们才如梦初醒，急忙停止内战，但又不愿意和其他元将配合，不愿听其他元将指挥，还是各保一方，各自为战，这又为朱元璋集中优势兵力各个击破提供了良好时机。

至正十四年（1354年）十一月，元朝丞相脱脱统兵百万大败张士诚于高邮（今江苏高邮），又分兵围六合（今江苏六合）。当时六合在赵均用、孙德崖队伍手中，危在旦夕，守将向郭子兴求救，六合在滁州东面，是滁州的屏障，六合一失，滁州顿危，但郭子兴与赵均用、孙德崖有嫌，拒不发兵。朱元璋认为，六合与滁州唇齿相依，不能不救。他说，六合被围，不救必毙；六合要是失陷，滁州马上不保，不能因小失大。郭子兴终于被朱元璋说服，决定发兵。

郭子兴决定发兵滁州，但诸将非常害怕元军百万之势，都借口求神不吉，推辞不去。关键时刻，又是朱元璋率兵救援，表现了他超人的胆量和气魄。朱元璋领兵来到六合，与耿再成将军合守瓦梁垒，元兵人多，每次进攻，都排山倒海，六合城的防御工事几乎全部被毁，朱元璋率军拼死抵抗，激战数日，元军仍然攻势凶猛，朱元璋觉得这样死守，就算全部拼死了恐怕也守不住，想要取胜，必须用计，才能够出奇制胜。

朱元璋把队伍全部撤入堡垒，并收拾好粮草，然后让全城妇女站在城门前大喊大叫，骂声此起彼伏，连续不断，攻城的元军都愣了，不知道出了什么事，站在原地呆呆地望着却又不敢前进。这个时候，全城人马乘此机会列队而出。妇女和牲畜在前，青壮年在后，浩浩荡荡往西走，等到快要撤到滁州城的时候，元兵才知道上了当，急忙策马加鞭去追，却没料到又中了朱元璋的埋伏,这时,滁州城里战鼓齐鸣,响声震天,全部兵马倾城而出,元军大败。

朱元璋获马匹无数,这时候朱元璋的头脑非常冷静,他没有被暂时的胜利冲昏头脑。他认为,元朝军队兵多将广,很快会再来攻城,必须设计使元军退兵,不敢再来进攻。

于是,他派地方上的父老乡亲抬着酒赶着牛去犒劳元兵,并将缴获的马匹送还给元将,并且口口声声称城中全是良民百姓,因兵荒马乱,结寨自保,其目的是防盗,并不是有意和元军作对,元将信以为真,下令引兵到别的地方去了。滁州得以保住,六合解围。在六合保卫战中,朱元璋开始是勇救六合,后来又设计制止并使元军退去,初步显示出他出奇制胜、善用心计和远见卓识的军事才能。表现了他那大智大勇的英雄气概,他那临危不惧,顾全大局的做法,赢得了全体官兵的赞许和敬佩。

元军退去之后,郭子兴非常兴奋,脑子一热,非要在滁州称王不可。朱元璋极力反对,他劝郭子兴,认为滁州是座山城,既不通船只、商贾,又无险可守,不是长久立足的地方。在此称王只能树大招风,招致元军再次来攻城,这绝对不是明智之举。郭子兴听了以后,沉思良久,最终,称王的事被暂时搁浅。

从至正十二年(1352年)七月,彭玉莹在杭州战败被俘牺牲,红巾军的反元斗争开始步入低潮。同年十一月,另一重要战将项普略在徽州被捕就义,南方红巾军节节失利。到至正十三年(1353年)年底,徐寿辉兵败,被迫率部退入黄梅山一带。王权的北琐红巾军和孟海马的南琐红巾军也于这二年相继被打垮,使北方红巾军的两翼失去屏障,风云突变，形势严峻，刘福通率领的红巾军主力被迫采取守势。

再回过头来说朱元璋，滁州虽然暂时保住了，但在不远处脱脱率领百万元军猛攻高邮，对朱元璋形成了极大的威胁。张士诚拼死坚守高邮，外城仍然被元军攻破，眼看就坚持不住了。就在这个时候，奇迹出现了。元朝上层统治阶级矛盾激化，所以在关键的时候，脱脱的兵权被解除，高邮城外的元军失去主帅，乱成一片。张士诚看准机会，抓住时机率领大军全力出击，大获全胜。高邮一战，可以说是元朝自己打败了自己。从此，元军士气低落，一蹶不振。高邮之战是农民起义军新的起点。刘福通率领的北方红巾军也开始大举反攻，并于至正十五年（1355年）二月，拥立韩山童的儿子韩林儿为小明王，建立了农民政权，国号宋，年号龙凤，都城就建在亳州（今安徽亳县）。

随着斗争形势的好转，滁州也转危为安。朱元璋想主动出击，滁州严重缺粮，而城中屯聚着大军有四万之多，如果长期如此下去，时间一长，军心肯定会变得涣散，他建议向南攻取和州（今安徽和县），让兵士到那里去，以此来解决缺粮的问题。同时，他又向郭子兴建议说："和州不能力胜，只能智取。"朱元璋讲，从前攻民寨时，曾得庐州兵三千，今选三千勇士，椎结左衽，穿着青衣，扮作北军模样，用四头骆驼载着货物，声言是庐州兵护送北使入和州犒赏将士，再以红巾军万人潜随其后，等青衣兵骗开城门，举火为号，红巾军可乘其不备攻入城中。

郭子兴认为朱元璋的建议可行，进攻和州的问题也能得以顺利解决，因此，他采纳了朱元璋的计策，派妻弟张天佑带着青衣兵袭取和州，又命朱元璋领兵前去支援，结果一举拿下和州城，郭子兴获得捷报后，提升朱元璋为统帅和州兵马总兵官。

> **精妙点评**
>
> 战事中的攻守屈伸,做人办事也应当如此,因为人生的硝烟不亚于战场。你应该善于把握时机,屈伸有度,熬过难关。

避开锋芒见机智

> 对立双方,因实力不同,有强弱之别。弱方如果霸王硬上弓,则可能输得体无完肤;相反,如果能以避代走,躲闪锋芒,不失为一种成事的机智,这是其一。其二,人与人之间因矛盾尖锐也要学会避开锋芒,以防重创。

我们不妨看以下几个方面的问题:

(1) 以避代走最聪明

《三十六计》中有这样一种战术,即避让计,避不可避之避,让不可让之让,乃为明眼人。此实所谓以避代走。

公元215年,孙权率领大军,进攻合肥。当时,占据合肥的是曹操部将张辽。因寡不敌众,张辽的防线为孙权所破,合肥被攻陷。张辽不得已率兵转移。眼看张辽军队撤退,孙权大喜,并传令:"兵贵神速,不宜久迟,应该一鼓作气,穷追不舍。吕蒙甘宁率兵先行,凌统和我继后,其他诸将陆续进发。"吕蒙、甘宁率兵前进与乐进部队相迎。甘宁与乐进交锋，几个回合，乐进便诈败而走，甘宁不知是计，反召唤吕蒙引军赶去。甘宁、吕蒙的部队追了一段路后，却遭到张辽部队几面射杀，死伤惨重。

　　孙权和凌统的人马，听说吕蒙、甘宁获胜，更加信心倍增，便催兵急速前进，但刚到逍遥津北，忽闻连珠炮声。左边是张辽，右边是李典，一齐杀来。孙权左右受攻，手足无措，急忙令人唤吕蒙、甘宁回救。但见张辽精兵已经赶来，逃也来不及。凌统手下只有三百余骑，势单力薄，无法阻挡张辽的进攻，眼看孙权就要当俘虏。当此形势紧急之际，凌统大呼："主公快速渡过小师桥。"自己则翻身下马，与张辽死战。孙权只顾奔向小师桥。可桥南端已被拆毁，宽有丈余，孙权的马被逼住，不能跃过，孙权惊恐不已。正在这进退两难之时，亲近牙将谷利大声呼喊："主公可先将马往后退，然后再放马向前猛跃。"孙权立即收回马来，后退三丈，然后纵马加鞭，那马一跃而过，便飞渡小师桥。孙权终于逃脱了危险，没被张辽抓获。

　　孙权退马逃离逍遥津，大军虽败，却保住了性命。《三国演义》对此故事曾有精彩的描述，如今的合肥逍遥津公园里，还有一尊张辽骑马奋战的塑像。对于此段史实，曾有人写过这样一首诗："的卢当日跳檀溪，又见吴侯败合肥，退后着鞭驰骏马，逍遥津上玉龙飞。"

　　（2）讲求一个"避"字

　　在一个充满竞争的社会里，谁都不希望失败，都希望平平安安。但社会节奏越快，人们却越不自安，而"飞来之祸"又每每发生。这要求会避祸。

　　刘伯温通过观察，得出祸福之间并没有一成不变的道理，二者间也没有不可逾越的鸿沟。他认为"骗、暗、诡"这三种人最容易招来祸端。刘伯温认为：采用不正当手段骗取名誉的人，会有预测不到的祸患。窝藏隐埋暗昧之事的人，会有预测不到的祸害。经常忖度他人，诡计多端的人，有预测不到的祸患。

对于"避"字诀的理解，他也有精辟的探讨。刘伯温在《郁离子》中描述了这样一个寓言故事：

郁离子忧郁不乐，须麋劝他说："道义不能通行，这是天命啊，你何必为此而忧虑呢？"郁离子说："我不是为这个啊，是担忧那航行在大海中的船没有舵手啊。大海是波涛聚积的地方，是狂风暴雨兴起的地方，鲸、鲵、蛟、鼍会集在那里，它们有像短矛似的锋刃，哪个不是在严阵以待？现在不忧虑，早晚会发生动荡，到那时我到哪里去呢？"须麋说："从前太冥主宰不周山，河水冲进那里的山洞，山石将要裂开了，老童走过这里便为之担心，并告诉太冥说：'山将要崩裂了。'太冥听了大怒，认为这是妖言。老童退去，又把这话告诉了太冥的侍臣，他的侍臣也大怒道：'山怎么能崩裂呢？只要有天地，就会有我们的山，只有天崩地裂，山才会崩裂！'便要杀害老童，老童惊愕而逃。不久，康回路过这里，太冥没有清除山的隐患，又未加防护。康回大怒，用头触那山，山的主体都像冰一样崩裂开了，山上的土石坍塌到深渊里，最后阻塞了那里。太冥逃走，后来客死在昆仑山的废墟，他的侍臣也都失去了他们的家园。如今您的忧虑，就像那老童的担忧一样，那又能把它怎么样呢？"

要达到社会的长治久安，必须居安思危，防患于未然。而我们的民族往往缺少一种忧患意识，或头脑发热，盲目乐观，或不敢正视现实，回避矛盾，于是一幕幕悲剧在历史上重演。当今社会需要我们具有一个冷静的头脑和一种务实的态度去创造事业。

戚之次且对郁离子说:"你为什么那样渐渐地衰老了呢?你对今人没有什么欲望要求,为什么还那样呢?"郁离子仰天长叹说:"你小子怎么能理解我的心愿啊!"戚之次且说:"从前有个叫娅冶的周家后生,很早就死了父亲,他把家政托付给未成年的仆人管理,他们滥用财货,就这样使家境日益窘迫,将要改变他父亲在世时的旧观。他父亲的老仆人不许可,家童们就群起而骂,并要赶老仆出去;娅冶的母亲禁止这样做,家童说:'老人不知死,就不能自安平静。'他们对娅冶父亲的老仆人和他母亲的话尚且都不听,更何况对关系疏远的外人呢?你光忧愁又有什么裨益,这只不过使自己忧思成疾啊。"郁离子说:"我听说天将要下雨时,洞穴里的蚂蚁就知道它,而在灾祸未到来时就躲避它;所以有的动物迁移了,有的冬眠入蛰了,它们没有白白地使它们的所知归于无用。如今天下没有可迁移的地方,没有可入蛰的土地了,这是人不如草虫啊。《诗经》不是有这样的诗句么:'为人不如老鹑,不如老鹰,高飞到天际;为人不如鳣鱼,不如鲔鱼,能潜逃到深渊里。'意思是说鸟鱼有自由,而人却无处去。我怎么能不愁呢?"戚之次且说:"从前孔子不能实行自己的政治主张,颠沛流离,穷困艰难,没有不去的地方,然而所到之处却很不得意。不要让无益的忧虑而毁灭了自己的天性。所以君子生在世上,也就是应做他所能做到的,不做他所不能做到的罢了。至于那吉、凶、祸、福,确实是由上天掌管的,我们为什么还要去自找罪受呢?"

天之将雨,穴蚁知之;野之将霜,草虫知之。避害是各种生灵的本能。然而,人们往往甘于昏庸,不思忧患,且不听忠言,以致大祸临头,无处逃生。如此，岂非虫蚁不如，须知"良药苦口利于病，忠言逆耳利于行"。

从这则寓言中，我们可以看出刘伯温对"避"字一词的参透程度。

如何避祸呢？刘伯温提出反其道而行之：诚、明、仁。诚，是诚实不欺，尽管世间充满尔虞我诈，但不能"以牙还牙"，以骗待不诚。刘伯温说：如果那样，人世间就无可信赖，人生一世也兴致索然。如以诚相待，欺骗人的人也会终究醒悟，走向诚信的。但诚不是一切都信，二者有严格的界限。

在此基础上他提出"明"。"明"是心胸坦荡、开阔，用今天的话说，是有良好的心态，心理素质好；明的另一含义是洞察事物。因此，暗也指愚昧、愚蠢。他具体阐释"明"可避祸时说：古往今来，那些才能出众的人，常称之为英雄。英就是明啊。所谓"明"有两种：他人只看到近前的东西，我则可以看到极远的东西，这叫高明。他人只看到粗大的东西，我则可以看到精细的东西，这叫精明。所说的高明，好比是身在一室，所能看到的距离毕竟有限，登上高楼所能看到的就远了，登上高山的话，看到的就更远了。所说的精明，好比是极为细微之物，用放大镜来观察它，它就会放大一倍、十倍、百倍了。又好比是粗糙的米，捣两遍的话，就可以把粗糠全部除去，捣上三遍、四遍，那么它就精细白净至极了。人是否高明取决于天赋，精明则有赖于后天方面的学问。我刘氏兄弟如今侥幸居高位，天赋方面算不上十分高明，全靠学问来求得精明。好问如同购置放大镜观察事物，好学如同捣击熟透了的米。总而言之，必须心里了如指掌，然后才能说出自己的决断。心里明白再做决断这叫英断，心里不明白就做出决断，这叫武断。对自己武断的事情，产生的危害还不大；对他人武断的事情，招致怨恨实在太深了。只有谦虚退让而不肯轻易决断，才能保住自己的福分。

第三是仁，仁是与人为善的意思，不是用阴暗的心理揣度别人。俗话说：以小人之心度君子之腹，这就是诡、是诈，是过于精明。如果处处与人为善，成全他人，自己也就欣欣向善了。在这一点上，他最崇拜提出"仁"这一学说的孟子。他说：读《养气》这章，好像对其要义有所领会，希望这一生都敬慕仿效孟子。即使仓促苟且之时，颠沛流离之际，都会有孟夫子的教诲在前，时刻不离身，或许到死的时候，可能有希望学到他的百分之一。

精妙点评

刘伯温从《易经》阴阳变化的道理，引申出人一定要为后世着想。他开出了避祸的第一个药方是："窒塞私欲，经常念及男儿有泪之日；惩禁愤怒，当思考人到绝气之时。"他痛加反省，五十岁时说：精神萎靡不振到了极点，我年纪还不到五十岁而早衰到如此地步。这都是由于天赋资质不足所致，并又百般忧愁催老和多年精神抑郁得不到快乐而使身体受到损伤，从今以后每天坚持静坐一次，或许等于服一剂汤药的疗效。他还把养生之道与祸福联系在一起，说：养生之道，视、息、眠、食四个字最为要紧。调息一定要归海，眼视一定要垂帘，饮食一定要清淡节制，睡眠一定要除去杂念而且恬静。归海，也就是说将气息藏入丹田。海，指气海。垂帘，也就是说眼睛半睁半闭，不全睁开眼睛。虚，是

> 说心中保持虚静,没有思考,腹中虚静而不停滞。牢记这四个字,虽然没有医药丹方秘诀,也完全可以祛除疾病的。这是说健身也可以避祸。

第六章

防身安全：千万别让小人靠近你

矛和盾的相应关系，简单明了。人与人之间不可能完全透明，总存在一些隔膜，甚至是一堵墙。这必然会导致防身术。防身即防心，防心即防人。在这个世界上，小人是可怕的，他们虽然不能"下猛料"，但能以"软功夫"伤人。只要你提防住此类人，至少就解决了防人的大部分问题。

小心防止出现漏洞

> 在许多场合，小心谨慎防止出现漏洞都是当务之急。这就是说，粗心的人只能换来粗糙的结果，会因被人利用而导致人生之败。

（1）该小心时小心，该谨慎时谨慎

为人处世当小心谨慎，不可张扬自己的欲望，尤其是对待权势，更是要有不贪之心，这样才能始终保持一颗平常心，才能安心做自己要做的事。

张安世是汉武帝官吏张汤之子，张汤由于执法严厉遭人暗算而死，死后身无余财，汉武帝十分怜惜，便提拔了张安世。他历经武帝、昭帝、宣帝三朝，为人谨慎，勤于政事，参与了废帝立帝等许多重大历史事件的决策，是朝廷重臣之一。大将军霍光死后，御史大夫魏相奏请以他为大将军，他一听到这个消息，十分忧惧，还未等朝命颁发，便求见汉宣帝，婉辞谢绝道："臣自量不足以当大将军这样的高位，恳请陛下哀怜，保全老臣的性命！"宣帝笑道："卿太谦让了，卿而不可，还有谁可呢？"终于未能辞掉。

一般人处于这样的高位，一定会志得意满，揽权怙势，骄奢淫逸，可张安世却如临深渊，如履薄冰，越发谨小慎微。每当与皇帝一起商量大政国策做出决定后，他便不与人言，等到政令颁布下来，他故作吃惊，还令属吏去丞相府打听，讯问详情，这样一来，朝臣之中竟没有人知道他参与了决策。

举贤荐能，是他的职责之一，但他从来都不让被举荐的人知道。有一个郎官，立了大功却没有升官，便向张安世自陈其功。张安世说："足下立了大功，明主自然知道，何必自夸呢！"很快这个郎官便得到升迁，却不知道是由张安世推荐的。当有的被举荐者知道了内情之后来向他致谢时，他闭门不纳，而且再也不与这个人来往，以免结党营私之嫌。由于他的守口如瓶，还造成了一些误会。有一次，他的一个下属要调走了，他去征询意见，那个下属说："将军为陛下的心腹大臣，却不见推荐一个贤才，很多人对此有所不满。"

张安世也不辩解，只是说："贤明的君主在上，谁好谁不好，一目了然，臣下只要加强自我品德的修养便行了，何必等待别人推荐！"

在古代，大凡居官者，总要给自己的家人或子孙谋点福利的，张安世却不然。他的儿子为光禄勋，也是朝廷的近臣，张安世因父子俱处尊显之位，很是不安，便要求将儿子调出京城。他的哥哥张贺对汉宣帝有救命养育之功，侄子张彭祖小时曾与宣帝同席读书。宣帝即位以后，张贺已经死去，宣帝追封他为恩德侯，改葬坟茔，封彭祖为阳都侯，连张贺七岁的孤孙张霸也赐爵关内侯。张安世都一再辞谢，实在辞谢不掉，便只受其名而不要俸禄，交给国库的俸钱多达数百万。

张安世掌权而不揽势，居高位而不张扬，自我抑制，自藏锋芒，终于得以保全，成为西汉显贵最久的家族。

我们常问：为人处世为什么要小心谨慎呢？从上面的例子中就可

知,一个人只有善于控制自己的欲望,才能够成大事。这种小心谨慎之道可以避开各种猜忌,可以让自己在功名权势面前心静如水,去寻求人生的大境界。有些人不善如此,故遭失败。

(2)防止踏进漏洞中去

所谓漏洞,就是指因疏忽而出现的疏误之处。我们知道,事物发展往往有多种可能,既有好的可能,也有坏的可能。我们办事情、想问题,应该立足于复杂的可能性的分析之上,从最坏处着眼、向最好处努力,千万不可掉以轻心、麻痹大意。防患于未然,这是聪明人的想法。

明朝洪武年间,郭德成做骁骑指挥。曾有一次进内宫,明太祖拿二锭黄金放在他的袖子里,说:"只管回去,不要说出去。"郭德成恭敬地答应了。等到他走出宫门的时候,把金子装在靴筒里,装出喝醉的样子,脱下靴子露出了金子。守门的人将这事报告给太祖,太祖说:"是我赏给他的。"有人为此责备郭德成。郭德成说:"九重宫门防守得这样严密,暗藏金子一旦被发觉,岂不要说是你偷的?况且,我的妹妹在宫中侍候皇上,我进出皇宫不受阻挡,怎知道皇上不是以这个办法试探我呢?"众人听了,都佩服郭德成的见识。

宋仁宗无子,听韩琦等大臣的劝谏,立宗室之子为太子。不久,仁宗驾崩,太子即位,这就是宋英宗。宋英宗有病,下诏请皇太后一同处理军国大事,由于有的人挑拨离间,英宗和太后的关系不太好。

一天,太后给韩琦送来一封密信,说皇帝对她不孝顺,请韩琦"为孀妇做主",还派了一名心腹之臣专门等待他的回话。韩琦读完信后说:"我一定办。"

过了两天,韩琦寻了个机会,和英宗谈了这件事,说:"这事千万不要外泄。您有今日，全是太后的支持，恩不能忘，虽然你们不是亲母子，如果您能尽力孝敬她，双方的关系就会融洽的，一切麻烦都会消失。"英宗说："我按您的意思办。"韩琦说："这封信，我不敢留下，已经秘密地烧掉了。这件事是极为要紧的，一旦泄露到外面去，恐怕那些别有用心的人就要借机生事、编造谣言了。"英宗深以为然。

从此以后，宋英宗和太后关系很好，外人一点也看不出破绽。

郭德成和韩琦，都是很有远见的。为防止意外事件的发生预先采取防范措施，稳扎稳打，步步为营，因而，总能立于不败之地。

历史上也有那么一些人，防范心理较弱，防范的措施和方法更谈不到，为此，吃亏上当，悔之莫及。孙策就是一个例子。

孙策是东汉末年的风云人物，占有江东全部领土。曹操和袁绍在官渡交战的时候，他与人谋划，袭击许昌。许昌是曹操的老巢，曹操部下听到这事，都很恐慌。郭嘉却说："孙策新近吞并了江东的土地，诛杀了当地的英雄豪杰，这是他能得到部下拼死效力的结果。可是，孙策遇事粗心大意，不善防备。虽然有百万之众，和孤身一人没有什么两样，若是有一个埋伏的刺客杀出来，他就对付不了。据我看来，他必定死在刺客匹夫手里。"孙策的谋士虞翻也因为孙策好骑马游猎，劝谏道："您指挥零散归附的将士，就能得到他们拼死效力，这是汉高祖的雄才大略呀！但您轻易暗地里出行，将士们都很忧虑。那白龙化作大鱼在海里游玩，就会被渔夫捉住；白蛇爬出山中，被刘邦斩杀了。这都是教训，希望您能谨慎些。"孙策说："先生的话很有道理。"

然而，孙策始终改不了老毛病。等到他出兵袭击许昌时，到了长江口，还没过江，就像郭嘉预料的那样，被许贡的门客所杀。

郭嘉、韩琦的远见卓识和孙策的粗心大意，在此得到充分体现。

精妙点评

做人办事应当有预见性，防止顾此失彼，而出现漏洞，因为有了漏洞，人生就会出现误区。

把"防一手"记在心头

在《三十六计》中，有很多地方讲防守之道，其要义是不善防守，则会受人攻击。做人办事，同样也存在防守之道，例如，在实际生活中，有些人恩将仇报，对给过他帮助的人加以陷害、排挤。因此，要时时把"防一手"记在心头。

丁谓与寇准同是宋真宗时代的大臣，丁谓本来出自寇准的门下，是在寇准的荐举之下，才得以步步高升的，当寇准任宰相时，以他为副宰相，他对寇准显得十分恭顺，由于曾当众给寇准擦拭胡须，遭到寇准的奚落，他便怀恨在心。由于他的权位已与寇准不相上下了，翅膀已经硬了，既然寇准不给面子，他便联合了一帮人开始了对寇准的倾陷和排挤。

他利用他的姻亲钱惟演出面对宋真宗说："寇准与中外大臣相勾结，构成了一个人多势众的朋党；他的女婿又在太子身边为官，谁不怕他？如今朝廷大臣，三成有两成都依附于寇准。"宋真宗便根据钱惟演的建议，将寇准的宰相免去，而以丁谓为宰相。

丁谓大权在握以后，找个茬，便将寇准贬了官，发落到外地任职，而且要他远离京师开封，永无还朝的希望。其实宋真宗对寇准还是很器重的，指示丁谓将寇准安排到一个小的州去任知州，让他磨炼磨炼，可丁谓却擅改圣旨，写道："奉圣旨任寇准为远小处知府。"有的大臣责问："圣旨并没有说'远'字。"丁谓威胁道："你想擅改圣旨，包庇寇准吗？"他还倒打一耙。

于是寇准被安排到安州（今湖北安陆一带）出任知州，一个月以后再贬为道州（今湖南道县一带），官职也降为一个小小的司马。

丁谓诚然是一个小人，但寇准也不是没有可指责之处，当他权势正隆时，豪气十足，全无城府，说话不管不顾，令对方下不了台。殊不知船无一路顺，花无百日红。政治舞台上的事情本来就是三十年河东，三十年河西。当你在最得宠信时，你要想到你会不会有失势的一天；当你在颐指气使时，你要想到下面那些俯首帖耳的臣属当中会不会有人脱颖而出，爬到你的上头。人无远虑，必有近忧，官场上的衮衮诸公，在得志时且不可得意忘形。

王安石在变法时，视吕惠卿为最得力的助手和最知心的朋友，一再向神宗皇帝推荐，并予以重用，朝中之事，无论巨细，无不同吕惠卿商量而后行，所有变法的各项内容，都是由吕惠卿拟写成文及实施细则，交付朝廷颁发推行。

但吕惠卿可不是什么正派人，他不过是投变法之机以捞取个人的好处罢了，对于这一点，一些有眼光、有远见的大臣早已洞若观火。司马光曾当面对宋神宗说："吕惠卿可算不了什么人才，将来使王安石遭到天下人反对的，一定都是吕惠卿干的！"又说："王安石的确是一名贤才，但他不应当信任吕惠卿。吕惠卿是一个地道的奸邪之辈，他给王安石出谋划策，王安石出面去执行，这样一来，天下之人将王安石和他都看成奸邪了。"后来，司马光被吕惠卿排挤出朝廷，司马光离京前，一连几次写信给王安石，向他指出："吕惠卿之类的谄谀小人，现在都依附于你，想借变法为名，作为自己向上爬的资本，在你当政之时，他们对你自然百依百顺。一旦你失势，他们必然又会以出卖你而作为新的进身之阶。"

可惜这些话王安石一句也没有能够听进去，当他在被迫辞去宰相职务时，觉得几年来吕惠卿对自己如同儿子对父亲一般的忠顺，能够坚持变法政策不动摇的，莫过于吕惠卿，便大力推荐吕惠卿为副宰相。

吕惠卿果然是一个狼子野心般的人物，王安石一失势，他立刻背叛了王安石。他要取王安石的宰相之位而代之，担心王安石会重新还朝执政，便立即对王安石进行打击陷害，先是将王安石的两个弟弟罗织进一件大案之中，假以罪名，贬至偏远的外郡，接着便将罪恶之手直接伸向了王安石。

吕惠卿的手段十分恶毒。当年王安石倚他为左膀右臂时，对他无话不谈，一次在讨论一件政事时，因还没有最后拿定主意，便写信嘱咐吕惠卿："这件事先不要让皇上知道。"吕惠卿很有心计地将这封信留了下来。此时便以此为把柄，将信交给了皇帝，告王安石一个欺君之罪。这是一个极大的罪名，轻则贬官削职，重则坐牢杀头，吕惠卿就是希望彻底断送王安石。

像吕惠卿这样恩将仇报的凶险小人也实在是太可怕了。在实际生活中不乏这种人，当你得势时，他恭维你、追随你，仿佛愿意为你赴汤蹈火；但同时也在暗中窥伺你、算计你，搜寻和积累着你的失言、失行，作为有朝一日打击你、陷害你的武器。公开的、明显的对手，你可以防备他，像这种以心腹、密友面目出现的对手，实在让你防不胜防。比较起来，吕惠卿还只是一个小巫，而宋神宗并没有因为吕惠卿抛出的重型炮弹而降罪于王安石。

精妙点评

可见，"防一手"是不能丢掉的，否则就会吃很多苦头。这样可以让你占得主动。

防止"人走茶凉"

人与人之间的关系，不是几个词就能概括准确的，但只有一种现象不容忽视，就是"人走茶凉"一词，却反映了世态炎凉。所谓"世态炎凉"，是指有些人对一个人得势和失势之后采取的两种截然相反的态度，因此你要防止背后吹冷风，或者说，防止出现"人走茶凉"的现象。

孟尝君是战国时齐国著名的公子，以好客闻名于诸侯，当时在其他国家不得志的读书人，衣食无着的贫困之士，作奸犯科的亡命之徒，纷纷投奔到他的门下。孟尝君不惜耗费巨资，广建房舍，准备饮食，无贵无贱，一律予以接待，出则有车，食则有鱼。一时之间，集聚在他门下的食客，多达数千人。孟尝君同他们生活在一起，当他接待一位新来的客人时，总是详细询问来客的住址、家人情况，这时，在屏风后有人记录下他们的谈话，当谈话结束时，孟尝君立即命使臣去那客人的家中探望，馈赠礼品。有一次招待一名客人吃晚饭，因有人挡住了灯光，客人看不清孟尝君吃的是什么，以为比自己的好，生起气来，罢食辞去。孟尝君连忙起身，将自己的饭食与客人一比，原来完全一样，客人大惭，竟至自杀。孟尝君因此赢得了普遍的赞誉与拥护，那些食客无不以为孟尝君对自己是最亲善的。

孟尝君如此不惜代价地养客待士，自然是希望这些人为他效力。这些人也的确帮了他不少的忙。当他出使齐国遇到危难时，是食客中那些鸡鸣狗盗之徒帮他解脱困境，渡过险关。

由于齐国的国君受了挑拨离间，以为孟尝君名望高于自己，又控制了齐国的大权，一怒之下，便将孟尝君的官职废黜，赶出齐都。这一来，他门下的那几千名食客纷纷作鸟兽散。

后来齐君又恢复了他的相国职务，那些离弃而去的食客，又从四面八方赶来。孟尝君十分感慨，对帮助他复位的冯贯说："我这个人一生好客，对待宾客不曾有任何失礼之处，食客曾多达三千余人，这是你所知道的。没料到这些人看到我一时失势，就都背弃了我，谁也不来管我。如今幸赖先生的帮助，使我恢复了相位，这些人还有什么脸来再见我？如果有再来见我的，我一定要向他脸上啐唾沫，好好羞辱他一番！"

冯贯却说："先生的话可是大错特错了，天下任何事物都有个必然的结局，而任何事情也都有其固有的道理，先生你知道吗？"

孟尝君不知道，冯贯说："生者必有死，这是事物的必然结局；富贵时有众多的追随者，贫贱时缺少朋友，这就是事情固有的道理，先生难道没有看见去市场赶集的人吗？天亮时，侧着身子挤着抢着争门而入；而到了晚上，从市场经过的人也都掉头不顾而去。并不是这些人对早晨的市场有所偏爱，而对晚上的市场特别憎恶，只是因为晚上的市场已经没有他所需要的货物了。当你丢权失势的时候，宾客都弃你而去，这也是很自然的一件事情，不要因此而埋怨他们而断绝了宾客的来路。"孟尝君接受了他的意见。

唐中宗在位时，朝中大权实际掌握在皇后韦氏及女儿安乐公主手中；许多大臣都无耻地拜倒在这两个女人的石榴裙下。韦皇后恶作剧，将一个年过花甲的老妇乔装打扮，嫁给御史大夫窦从一，窦从一沾沾自喜，称自己为"国箸"（唐人称乳母之夫为"箸"）；赵履温在主持为安乐公主兴建府第时，低三下四，亲自为公主驾辕拉车。这些人还一再上书韦皇后，劝她效法武则天，取唐朝而代之，对韦氏真可谓忠诚有加。可当李隆基发动政变，诛灭韦氏及安乐公主后，这些人一反故态，窦从一亲自斩了那个老乳母的首级以献，赵履温最先跑到新主人面前舞蹈跪拜，三呼万岁。

宰相萧至忠，表面上给人以清正廉直的印象，颇为时论所重，唐中宗说："几名宰相中，数萧至忠最爱戴我。"韦皇后也很注意拉拢他。当他的女儿与韦氏的表弟结婚时，唐中宗充当萧家的主婚人，韦皇后为女方的主婚人，当时人们称之为"天子嫁女，皇后娶妇"。为了能使萧至忠更加死心塌地为自己效力，韦皇后还撮合了一场"冥婚"，将自己已死的弟弟与萧至忠已死的女儿合葬一处，结成一对阴间夫妻。当时谁都看出来，萧至忠是韦皇后的死党。

可当韦氏被诛灭后，萧至忠为了表示与韦氏划清界限，竟然掘开合葬的坟墓，将自己女儿的棺木迁出别葬。

精妙点评

在生活中，当你春风得意时对你胁肩谄笑的人，并不是对你个人有什么忠爱，他们看中的是你的势，一旦你失去了这一切，你在他们眼中便一钱不值，最先抛弃你的，也是这些人。人们常用"势利眼"去形容那种趋炎附势的人物，实在是太准确了。

以其人之道还其人之身

俗话说："多行不义必自毙。"那些说谎成性的人，你无论怎样对他进行劝诫、说服、忠告、警告都没有用，只有让他自食其恶果，他才会意识到谎言的危害，知道说谎的下场。也许，以其人之道还其人之身，不失为良言。

所以对这种人，你如果想帮助他，就可以和他一起说谎；如果你想加速毁灭他，也可以和他一起说谎。

让他把谎说得更大、更玄、更没边际，谎言最终就把他导向尴尬、窘迫、羞愧、耻辱、失败、毁灭。你帮助他，可以使他借此获得新生；你毁灭他，可以使他一败涂地，永无翻身之时。

中国有一句俗话：树大招风。这是"火上浇油之法"的利用得以成功的理论根据与现实基础。造一些小谎，因其影响的范围小，虽有人受害上当，但因其小而不太引人注意，所以每每得逞；如果谎撒得过大，惊动的人多了，注意的目光多了，谎言败露的可能性也就大了。有时候甚至会因谎言太大而不攻自破。还是那句话，你想成全一个人，可以帮助他说谎；你想毁灭一个人，也可以帮他说谎。换言之，你想让他的气球变得更大，你也可以帮他吹；你想让他的气球赶快爆破，你也可以帮他吹。

俗话说："人心隔肚皮，外表看不清。"俗话又说："画虎画皮难画骨，知人知面不知心。"人心难测，识别一个人并不容易。古人讲了很多识别人的理论和方法，比如托付事情让某人去做，以此看他的能力；告之以秘密，考验他口风是否牢靠；让他饮酒过量，了解他自持能力如何；惹他发火，看他的容人之量；利用女色引诱，看他品行是否端正；用钱财测试他的义利取舍……

诸如此类的办法还有许多，应该说，这些办法也是有效的。

但识别一个人是否诚实，最好的办法是什么呢？那就是谎言。

我们前面讲过的赵高，他的指鹿为马的故事，就是一个典型的利用谎言测试别人对自己忠诚度的例子。

这种办法在许多心理测试中也经常使用，比如有这么一个性格测试表格，它在开始时告诉你，这是有关你近代知识方面的教养的测试，请你用"是"、"不是"、"不知道"来回答。又在括弧中称：如果"是"较多的话，则显示出你的教养度较高。

表格中的问题涉及文、史、哲、地理、历法、数学、政治、体育以及时尚，比如它有这样的问题：你听过贝多芬的乐曲吗？你听过肖邦的乐曲吗？你知道萨特这个人吗？也有这样的问题：你读过萨特的《欧洲的没落》吗？你听过肖邦的《悲哀华尔兹》吗？前者很多人都知道，而后者则鲜为人知，如果你比较诚实，就会给予否定的答案，如果你有说谎的倾向，你可能会给肯定的答案，以此显示自己的教养和知识面。

但事实上这是个圈套，后者所提及的萨特的书和肖邦的乐曲纯属子虚乌有，完全是凭空杜撰出来的，本身就是谎言，你对谎言持肯定的态度，当然说明你有撒谎的习性与倾向。

> **精妙点评**
>
> 用谎言测试人心，试探别人的态度与反应，更应该慎重才是。

以"警惕"两字为上

> 提到"警惕"两字，我们常能感觉到因人与人不信任而采取的各种攻防措施。很难相信，为什么人与人之间变得必须有警惕之心，才能少受一点伤害，或者不被伤害。话又说回来，在某种程度上讲，对自己有警觉之心，也是对自己负责，可以不再说话办事时掉以轻心。一个人眼光的远近，取决于他是否有一颗警觉之心。

武则天是一个精明之人，时刻保持警觉之心，以防不测。如果你缺乏警觉之心，可以稍加仔细领会武则天的精明之道。

长寿二年（公元 693 年），武则天在万象宫祭祀天地，可是在举行献礼的时候，他们却惊奇地发现：主持亚献的人有了变化。往年是皇帝主献，太子旦亚献。而这次却是魏王武承嗣主持亚献，终献是梁王武三思。太子旦则被冷落在一旁，虽然，这时他也改称武姓了。

这种改变意味着什么？朝臣们心里明白，但谁也不便谈论。他们心情不一，有的失望，有的欢呼。

第二天，又发生了一件怪事。就是皇嗣旦的两个妃子：刘氏和窦氏，在嘉豫殿向皇帝贺年以后，突然失踪了。人们到处找也找不到，连侍女也说不清楚。

有人提议到嘉豫殿里找一找，武则天通过内侍，传话给东宫的来人，她们已经离开嘉豫殿，以后到什么地方就不知道了。东宫的来人只好回去。

太子旦对这件事始终保持沉默，他还严禁东宫的人谈论这件事情。他知道母帝不让他像往年一样主持亚献，这是对他冷淡的一种表示，说不定还会有什么灾祸，要降临到自己头上。沉默吧，只有沉默才是保全自己的最好办法。

刘妃是在仪凤年间进相王府的。开始是女官，生了长子成器以后，她才成为王妃。太子旦即位为睿宗皇帝时，她也成为皇后。以后，旦废帝为皇嗣，她也就降为太子妃。

窦妃是太宗母亲堂兄窦杭的曾孙女，她的祖母是高祖的次女。所以，她具有唐氏宗室的血统。她为旦生了第三个儿子隆基，就是后来的玄宗。还生有两个女儿，就是后来的金仙公主和玉真公主。这时，他们的年龄都很小。

这两个太子妃的失踪，和一个叫韦团儿的婢女有关。这韦团儿是武则天身边婢女的领班。她为人聪明伶俐，而且长相、身材都很出类拔萃。

这个韦团儿对自己的长相很自信，认为凭自己的芳容，完全可以征服一个地位很高的男人，起码能够以爱妾的身份，享受一生的荣华富贵。

她选中了太子旦为自己追求的目标。借着时常接近太子旦的机会，向他挑逗，缠着他不放，并露骨地表示要把自己宝贵的童贞奉献给他。她以为哪只猫儿不馋嘴？何况自己又是一条不常见的美人鱼。

可是，这时的太子旦哪有这种心思。他不敢轻举妄动，说不定这个母亲手下的美婢，是特意派到自己身边的间谍呢？因而拒绝了她。

这韦团儿的希望落了空，自尊心受到了挫伤。她越想越感到这是太子旦对她的羞辱。她恼羞成怒，下决心进行报复。

她想的办法并不新鲜，可如果成功了，后果将是极其可怕的。她偷着做了两个桐木人，上边都写上武的名字，在那上面各钉了两个大钉子，通过跟她要好的东宫侍婢，暗暗放在刘妃和窦妃的床下。

然后，她向武则天诬告：两个太子妃企图陷害皇上，每晚都施行巫术，诅咒皇上减寿。皇帝不信，可以派人去搜查。

可武则天没有派人。她认为从太子旦的目前状况看，两个妃子干这类事，是完全可能的。但在此时，不宜公开搜查和处理。

第二天，刘、窦两妃就离奇地失踪了。活不见人，死不见尸，始终是个谜。

太子旦重即睿宗之位后，把嘉豫殿的地下和周围一带，挖了个遍，也没有发现任何蛛丝马迹，不得不在洛阳南郊，为她俩建立了两座空陵，并追赠为皇后。

两个太子妃失踪之谜，在史书上没找到答案。但她们的死，肯定和韦团儿有关。这从她死时的情况，可以看出一些端倪。

事情经过是这样：韦团儿看到在两妃死后，太子旦无动于衷，仍然平静如往日，像若无其事的样子。这使她的预期目的没有达到，心里十分恼恨。她不知怎样才能发泄出胸中的嫉愤，气得睡不着觉。

后来，这个年龄不大的婢女，竟想出来一个谁也不敢想的狠毒主意来。她要设法直接杀害太子旦。也许她真气得发昏了。

她十分愚蠢地把自己的想法，告诉了几个平日结交的心腹侍婢，跟她们商量办法。这几个侍婢吓得六神无主，这么可怕的事，一旦出了漏洞，她们就避免不了杀身之祸。于是偷着把这件事密告给了皇帝。

武则天听后，大吃一惊。这小小年纪的女人，真是可怕。这种人在走投无路、狗急跳墙的时候，是什么事都干得出来，什么话都可以说得出来的，不除掉她，后果难以设想。

第二天，她召见韦团儿，为了一件微不足道的小事，就下令宦官将韦团儿拖出去杖打。

在窦妃失踪以后，经武则天批准，窦妃的母亲庞氏和她的三个儿子被流放到岭南，父亲润州（现江苏省镇江市）刺史窦孝谌被贬为罗州（现广东省廉江市）司马。罪名是祈祷太子旦即位为帝，复兴唐朝，利用巫术让皇帝短命。实际上纯属诬告，庞氏是中了企图告密的家奴设计的圈套。而监察御史薛季昶，为了往上爬，故意夸大她是企图"匡复唐朝"。这适应了武则天扬武抑李的政治需要。后来由于徐有功的拼死辩护，庞氏才由死刑减为流放的。

精妙点评

　　争斗，不是人所希望的，但却又是避免不了的。争斗——在武则天看来，是其护身的一种手段。通过这个例子：告诉人们必要的警惕是必须的，这样可以防范两面人。所谓两面人，是指——他们算计你的时候绝不说你一句坏话，当面不说，背后也不说；不只不说坏话，而且还说好话，在别人面前替你说好话。因此，被算计的人可能始终都蒙在鼓里，而看不出在他们甜言蜜语后面的另一种心肠。

第七章

精明善变：让自己全身灵活起来

天下大小事情，都自有其道理，如果不善于精明求变，则可能会走到绝路上去。毫无疑问，没有人想走绝路，不但不想走绝路，而且活路越多越赏心悦目。凡是善于谋算自己心事的人，拿手绝活就是精明求变，让自己全身灵活起来。这样做，一则可以让自己摆脱被动状态，给对手以不可捉摸之感，二则可以用反控制的计策，给对手设置难题，从而为自己争取主动。

以大变之计制小变之计

> 计策是世界上最值钱的东西,它可以把不可能变为可能,把可能变得更好。没有大小计策,有些问题是难以解决的。自古以来,计策是成大事的基础,特别是对于精明善变者,更是什么时候都以擅长计策为强项。这就是说,不管怎样,精明善变者敢于以计制计,在各种计策中较量胆识和经验。我们知道,计有大小之分。善于用计者,总是以大变之计制小变之计,从而获得胜局。

蜀后主建兴十二年(公元234年),诸葛亮领兵34万伐魏,分5路进军,六出祁山。魏明帝曹叡闻报,命司马懿为大都督,领兵40万至渭水之滨迎战。

诸葛亮与司马懿沙场交战多回,彼此都知道对方兵法娴熟,足智多谋,不好对付。所以战前各自都做了周密部署,严阵以待。诸葛亮在祁山选择有利地形,分设左、右、前、后、中5个大营,并从斜谷到剑阁一线接连扎下14个大营,分屯军马,前后接应,以防不测。司马懿则屯大军于渭水之北,同时在水上架起9座浮桥,命先锋夏侯霸、夏侯威领兵5万渡河至渭水南岸扎营,又在大营后方的东原,筑城驻军,进可攻,退可守,稳扎稳打,务使魏军立于不败之地。

司马懿受命离开魏都时,曾受曹叡手诏:"卿到渭滨,宜坚壁固守,勿与交锋。蜀兵不得志，必诈退诱敌，卿慎勿追。待彼粮尽，必将自走，然后乘虚攻之，则取胜不难，亦免军马疲劳之苦。"所以在经过两次规模不大的交锋，双方互有胜负之后，魏军便深沟高垒，坚守不出。

由于蜀军劳师远来，粮草供应颇为困难，因而利于速战；而魏军以逸待劳，利于坚守。因而诸葛亮的主要策略目标，就是要诱敌出战，调虎离山，速战速决。然而司马懿老谋深算，素以沉着、谨慎、稳重著称，加上有魏明帝临行手诏，也不必担心那些急于求功的部将鼓噪攻讦。

在这种情况下，要调动司马懿这只"老虎"离山，谈何容易！然而再狡猾的狐狸，也斗不过好猎手。司马懿这只擅长谋略，经验丰富的"深山之虎"，终究被诸葛亮调出来了，还险些丢了性命。那么，诸葛亮究竟使了什么样的奇招，使司马懿这只老狐狸也难免上当呢？

诸葛亮深知，己方最根本的弱点是远离后方，粮草供应困难；同时他也深知司马懿正是看准了自己这一弱点，并利用这点做文章，期待并设法使蜀军断粮，从而将蜀军困死或逼蜀军撤退，然后乘机取胜。

于是诸葛亮便将计就计，也在粮草供给问题上做文章、设诱饵，以此引司马懿这只"虎"离山。措施之一是分兵屯田，与当地老百姓结合就地生产粮食，以供军需，摆出一副打持久战的架势。这就等于宣示司马懿：你不急，我也不急；若是我不急，看你还急不急。

果然司马懿的长子司马师沉不住气了，对其父司马懿说："现在蜀兵以屯田作持久战的打算，如此下去，如何是了？何不约孔明大战一场，一决雌雄！"司马懿口头上虽说，"我奉旨坚守，不可轻动"，心里其实也很着急。

诸葛亮的另一个措施，是自绘图样，令工匠造木牛流马，长途运粮，据传这东西很好使,"宛如活者一般,上山下岭,各尽其便",蜀营粮草由木牛流马源源不断从剑阁运抵祁山大寨。

司马懿闻报大惊道:"吾所以坚守不出者,为彼粮草不能接济,欲待其自毙耳。今用此法,必为久远之计,不思退矣。如之奈何?"

诸葛亮看出了司马懿急于破坏蜀军屯田、运粮、屯粮计划的心情,于是进一步利用这一点引他上钩。办法是:一方面在大营外造木栅,营内掘深坑,堆干柴,而在营外周围的山上虚搭窝铺草营造成蜀兵分散结营,与百姓共同屯田屯粮,而大营空虚的假象,引诱魏军前来劫营;另一方面在上方谷内两边的山坡上虚置许多屯粮草屋,内设伏兵,同时让军士驱动木牛流马,伪装往来谷口运粮。而诸葛亮自己则离开大营,引一支军马在上方谷附近安营,以引诱司马懿亲领精兵来上方谷烧粮。

而司马懿呢?他虽烧粮心切,却又极为谨慎小心,深恐中了诸葛亮调虎离山的诡计。于是便也使了个声东击西、调虎离山计来应战。他亲领魏兵去劫蜀兵祁山大营,却一反过去每战必让主攻部队走在前面的惯例,让手下的部将冲锋在前,直扑蜀营,自己反而在后引援军接应。他这样做,一则是担心蜀营有准备,怕中了埋伏;二是他指挥魏军劫蜀军大营本属佯攻,目的是调动蜀军各营主力,甚至诸葛亮本人领军前来营救,而他却自领精兵奇袭上方谷,烧掉蜀方的粮草。然而,司马懿的这个调虎离山计,却未能跳出"如来佛的手心"。

诸葛亮早料到司马懿这一招。因而当魏军直扑蜀军大营时,诸葛亮只是事先安排蜀军四处奔走呐喊,虚张声势,装作各路兵马都齐来援救的态势,而诸葛亮却趁司马懿这只"虎"已离山之机,另派一支精兵去夺了渭水南岸的魏营,自己却在上方谷等待司马懿来"烧粮",以便"瓮中捉鳖"。司马懿果然中计。他见四处蜀军都急急忙忙奔回大营救援，便趁机率领司马师、司马昭及一支亲兵杀奔上方谷来。接着又被蜀将魏延依诸葛亮的安排，用诈败的方法诱进谷中，截断谷口。一时山谷两旁火箭齐发，地雷突起，草房内干柴全都着火，烈焰冲天。

司马氏父子眼看就将葬身火海。亏得突来一场倾盆大雨，才救了司马氏父子3人及少数亲兵的性命。

精妙点评

司马懿这只"虎"原本拿定了深沟高垒、坚守不出，决不离山的主意，结果却仍被诸葛亮调下了山；他原想用"调虎离山"计烧掉蜀军的粮草，想不到却反而中了诸葛亮的"调虎离山"计。真是计外有计，天外有天，军机难测。由此可见，变计之重要。

"变"字的最高境界是神算

变与算的关系是什么？《孙子兵法》中有一句话极其深刻，即"多算胜，少算不胜"。它告诉我们这样一个道理：做任何事之前，必须先在脑中盘算清楚好才出手，切忌盲目冲动，不知对手底细就稀里糊涂动手脚。再者，还要注意"多算"与"少算"的关系——越反复思虑，越周密推算，越能赢得胜利；反之，就可能大打折扣，甚至招致惨败。因此，我们必须明白，一个"算"字的重要性，即不算不胜，多算必胜。"变"字的最高境界是神算。

（1）不算不胜善算必胜

人人都想有善算之变术，以便取得胜局，但有人能为之，有人不能为之。下面我们看一看刘邦身边的门客薛公是如何成为一名令人折服的算客的。

汉高祖刘邦在平息了梁王彭越的叛乱和杀死韩信后不久，曾为汉朝天下的建立做出重大贡献的淮南王英布兴兵反汉。刘邦向文武大臣询问对策，汝阳侯夏侯婴向刘邦推荐了自己的门客薛公。

汉高祖问薛公："英布曾是项羽手下大将，能征惯战，我想亲率大军去平叛，你看胜败会如何？"

薛公答道："陛下必胜无疑。"

汉高祖道："何以见得？"

薛公道："英布兴兵反叛后，料到陛下肯定会去征讨他，当然不会坐以待毙，所以有三种情况可供他选择。"

汉高祖道："先生请讲。"

薛公道："第一种情况，英布东取吴，西取楚，北并齐鲁，将燕赵纳入自己的势力范围，然后固守自己的封地以待陛下。这样，陛下也奈何不了他，这是上策。"

汉高祖急忙问："第二种情况会怎么样？"

"东取吴，西取楚，夺取韩、魏，保住敖仓的粮食，以重兵守卫成皋，断绝入关之路。如果是这样，谁胜谁负，只有天知道。"薛公侃侃而谈，"这是第二种情况，乃为中策。"

汉高祖说："先生既认为朕能获胜，英布自然不会用此二策，那么，下策该是怎样?"

薛公不慌不忙地说:"东取吴,西取下蔡,将重兵置于淮南。我料英布必用此策——陛下长驱直入,定能大获全胜。"

汉高祖面现悦色,道:"先生如何知道英布必用此下策呢?"

薛公道:"英布本是骊山的一个刑徒,虽有万夫不当之勇,但目光短浅,只知道为一时的利害谋划,所以我料到必出此下策!"

汉高祖连连赞道:"好!好!英布的为人朕也并非不知,先生的话可谓是一语中的!朕封你为千户侯!"

"谢陛下。"薛公慌忙跪下,谢恩。

汉高祖封薛公为千户侯,又赏赐给薛公许多财物,然后于这一年(公元前196年)的10月亲率12万大军征讨英布。

汉高祖戎马一生,南征北战,也深谙用兵之道。双方的军队在蕲西(今安徽宿县境内)相遇后,汉高祖见英布的军队气势很盛,于是采取了坚守不战的策略,待英布的军队疲惫之后,金鼓齐鸣,挥师急进,杀得英布落荒而逃。

英布逃到江南后,被长沙王吴芮的儿子设计杀死,英布的叛乱以失败而告终。

(2)神算可见奇招

神算之变,常令人叫绝。三国风云,变幻万千。其中搅乱风云者,无非是军师、谋士。众所周知,诸葛亮是一名"神算子",他智谋过人,胆量过人。人人皆知的"草船借箭"就是诸葛亮的得意之作。它是《孙子兵法》算计高招的巧妙运用。

公元208年7月,曹操率80万大军(实际上只有20万)大败刘备,进逼东吴。东吴的孙权为了自身利益与刘备结成联盟,共同抗击曹军。

当时,刘备派到东吴去的使者是诸葛亮,东吴的三军都督是周瑜。周瑜心地狭小,见诸葛亮处处高他一筹,就想寻机杀掉诸葛亮。

一天,周瑜想到一条妙计,请诸葛亮监造十万支箭。诸葛亮满口答应,并立下军令状,保证三日内交纳十万支箭,否则甘受重罚。周瑜暗暗高兴,心想:"这可是你自己找死,怪不得我!"

诸葛亮立下军令状后,一连两天,只是饮酒作乐。到了第三天,诸葛亮找到好友鲁肃,请鲁肃拨给快船20只,每只船上都扎满草人,然后把鲁肃请到船中,于四更时分,命士兵将20只船划向北岸。这时候,长江水面大雾迷漫,对面看不见人。诸葛亮命令士兵们把船头西尾东一字排开,又命令士兵们在船上擂鼓呐喊。曹军听到震天惊地的鼓声,以为是敌人来偷袭,纷纷放箭,没用多久,船上的草人全部插满了箭。诸葛亮与鲁肃在船内只管饮酒谈笑。过了一些时候,诸葛亮命令士兵们把船头东尾西地排开,逼近曹军受箭。

日出雾散,诸葛亮命令船队迅速返航。这时,每条船上已有了五六千枝箭。诸葛亮对鲁肃说:"十万支箭如期拜纳,没费东吴半点力气,将军没有想到吧?"

鲁肃对诸葛亮佩服得五体投地,说:"先生真是神人啊,你怎么知道今天有如此大雾?"

诸葛亮笑道:"为将而不通天文,不识地理,不晓阴阳,那是个庸才。我在三天前就已算定今日有大雾,所以才敢提出三日的期限。周都督让我办十万支箭,到时候,工匠料物都不应手,那不是明明白白要杀我吗!我诸葛亮命大福大,他是杀我不了的。"

鲁肃把诸葛亮"草船借箭"的经过告诉给周瑜，周瑜叹道："诸葛亮真是神机妙算，我不如他啊！"

> **精妙点评**
>
> 由此看来，算与不算，大不相同。算则能巧取妙胜，不算则任意而去，哪管西东。特别值得注意的是：在以弱抗强时，只有认真算计，才能打过巧妙的对手。此为精明善变之计，即神算之计。

越有本事，越要有改变之功

> 大千世界，总有一些人很有本事，做什么事都易如反掌，所以让人佩服。问题是：有些人本可以把自己的本事显出来，但由于情况特殊，会掩藏自己的本事，以免给人造成威胁感，这种善用巧变之功，左右应对。这里面透露出一种灵活之计。

殷纣王不分昼夜地饮酒，白天也闭窗点烛，以日为夜，以致忘记了时间，问一问身边的侍从，也都喝得稀里糊涂不知道，便派人去向担任太师之职的叔父箕子去打听。箕子说："身为天下之主而自己和左右的人都忘记了日期，国家就很危险了。所有的人都不知道而只有我知道，我也就危险了。"便推辞说自己也喝醉了酒，不知道日期。

这则故事给人的教训是，无论在什么问题上都不要表现自己过于高明，掩藏自己的智慧和自己的能力，才可避免遭到猜忌。

但深藏不露不同于胆小怕事，它是对于真实感情的一种掩饰而不是扼杀，是为了保全自己而不是苟全性命，它的"不露"是暂时的，最终是要大显峥嵘的。

刘秀之兄刘是最早起兵反抗王莽的，威名远扬，众心拥戴，这遭到更始皇帝刘玄的猜忌，被无端杀害于宛城。此时，刘秀在昆阳取得了以数千之众战胜王莽百万之师的巨大胜利，他一听说兄长被害，立即返回宛城。面对有可能引来的牵连，他藏起他的复仇之心。留得青山在，不怕没柴烧。刘的下属向他表示吊唁，他并不同他们多说一句话，只是一个劲地责备自己，而对刚刚取得的昆阳大捷，也是只字不提，甚至不敢为刘服丧，饮食言语一如平常。这倒让刘玄有点过意不去，便拜他为破虏大将军，封他为武信侯，以示安慰。刘秀就这样保全了自己。

其实刘秀是将仇恨压在心头，他经常暗中哭泣，泪湿枕席，决心为兄长复仇，最后终于取刘玄而代之。

无论何人，只要心中有"精明善变"四字，便多多少少练就察言观色的本事，他们会根据你的喜怒哀乐来调整和你相处的方式，并进而顺着你的喜怒哀乐来为自己谋取利益。你也会在不知不觉中，意志受到了别人的掌控。如果你的喜怒哀乐表达失当，有时会招来无端之祸。

因此，高明的成大事者一般都不随便表现这些情绪，以免被人窥破弱点，予人以可乘之机。

西晋王朝的实际创立者——司马懿在《三国演义》里只有他才可以算得上诸葛亮的真正对手。就历史本身而言，司马懿在权谋方面堪称是第一流的大家，甚至比诸葛亮也有过之无不及。毕竟，历史告诉我们的是"三国归晋"。

《晋书》评论司马懿说:"宣皇以天挺之姿应期佐命,文以缵治,武以枝威"。"雄略内断,英猷外决"。南宋陈亮也说:"魏之得天下,非司马不得安也。"的确,他"受遗二主,佐命三朝",对内对外都显示了他杰出的才华;他对权术随心所欲的运用令同代人咋舌,他的识人用人,他的独特的思维方式,对于今天的人们来说,也有很多的启示。

司马懿为人不仅多谋略,善于从全局的高度、长远的眼光考虑问题,而且行事乖巧,善权变,极其明显地展现出其机智的处世之道。

司马懿的谋略,说到底就是一句话:"精于计谋,深藏不露,以柔克刚。"

他对计谋之道的运用达到了非常高妙的境界,终其一生,不仅尽享荣华富贵,而且为子孙奠定了帝王基业。

《老子·四十三章》:"天下之至柔,驰骋天下之至坚。"水性至柔,它是天下最柔弱的东西,但滴水却可以穿石,可以穿透天底下最坚强的物事。

司马懿在精明谋事时,正是利用这一谋略,施用坚守拒战之计,"拖"死诸葛亮;韬晦示弱,一举打垮曹氏力量,终迁魏鼎。

据《三国演义》一百二回和一百三回载,诸葛亮第六次北伐,兵出祁山,进驻五丈原(今陕西岐山县南),在渭水之南。魏主曹叡命司马懿为主帅,领兵拒之,又以手诏赐懿曰:

"卿到渭滨,宜坚壁固守,勿与交锋。蜀兵不得志,必诈退诱敌,卿慎勿追。待彼粮尽,必将自走,然后乘虚攻之,则取胜不难,亦免军马疲劳之苦。计莫善于此也。"

司马懿引兵渡渭，背水为垒以拒亮。他坚决贯彻曹叡"坚壁固守，勿与交锋"的作战方针，用"拖"的方法来对付诸葛亮。为什么司马懿要采取坚守拒战的对策呢？

第一，蜀军处于进攻地位，并且粮草运输困难，利于速战速决；魏军处于防御地位，军粮充足，况且陇右战场，山高谷深，其地形利于守而不利于攻，所以魏军利在坚守持久，消耗敌人，拖垮敌人，最后战而胜之。

第二，魏军虽然兵多粮足，但是有很大的弱点，就是司马懿用兵谋略远逊于诸葛亮。据《三国演义》载，司马懿与诸葛亮交锋，多次失败是输在斗智斗谋上。第九十五回载，诸葛亮智设空城计，吓退曹兵十五万大军。后来司马懿明白中了计，仰天叹曰："吾不如孔明！"第九十九回载，诸葛亮巧施退兵计，大破魏军。司马懿长叹："孔明真有神出鬼没之计，吾不能及也！"第一百回载，诸葛亮妙用增灶计，唬得魏军不敢追击，蜀军顺利退兵，不折一人。司马懿仰天长叹："孔明效虞诩之法，瞒过吾也！其谋略吾不如之！"由此可见，魏军的弱点，不在天时，不在地利，而在人谋，这是一个致命的弱点，司马懿心中是一清二楚的。这才是魏军坚壁不战的主要原因。

司马懿与诸葛亮相持百余日，蜀军多次挑战，司马懿就是不出。诸葛亮拿他无奈，便采取激将法，派使者送一大盒给司马懿。司马懿当众打开一看，内有巾帼（妇女头巾）、妇人缟素之服和一封信。信中说：

"仲达（司马懿字仲达）既为大将，统领中原之众，不思披坚执锐，一决雌雄，乃甘窟守土巢，谨避刀箭，与妇人又何异哉！今遣人送巾帼素衣至，如不出战，可再拜而受之。倘耻心未泯，犹有男子胸襟，早与批回，依期赴敌。"

司马懿看毕，脸上不红不白，乃佯笑曰："孔明视我为妇人耶！"命手下款待来使，绝口不谈军事，只假作漫不经心地随便询问诸葛亮饮食起居等日常琐事。使者回答："丞相起得早，睡得晚，打二十军棍的处罚都要亲自处理。吃得也少，每天不过数升。"司马懿听了，回头对诸将说："孔明食少事烦，其能久乎？"原来，司马懿正是在这漫不经心的随便问话之中，套出了极重要的情报：在他坚壁拒战的方针下，诸葛亮的身体已经快被拖垮了。这就更坚定了他的决心：坚守不战，拖垮诸葛亮。使者回到蜀营，向诸葛亮汇报了此事。诸葛亮听罢，长叹一声："彼深知我也！"诸葛亮对司马懿包藏的奸心又何尝不明白呢？只是无可奈何罢了！

但司马懿手下的将士却不明白个中奥妙，他们看见诸葛亮用巾帼女衣来侮辱司马懿，司马懿却受之不愧，心中皆愤愤不平，出言不逊：公畏蜀如虎，首受侮辱。我等皆大国名将，安受蜀人如此之辱！请求出战，一决雌雄！司马懿见这帮鲁莽汉子如此气愤，心中未免好笑，思量与他们也说不清楚，就用更机智的办法，将这球踢到皇帝那里，说道：吾非不敢出战而甘心受辱也。奈天子明诏，令坚守勿动。汝等既要出战，待我奏准天子，同心赴敌，如何？众将皆允诺。司马懿乃上表曹叡请战。结果自然是不准。诸将无话可说了。诸葛亮得知此事，冷笑道：此乃司马懿安三军之法也。彼本无战心。将在外，君命有所不受。安有千里而请战者乎？此乃司马懿因将士愤怒，故借曹叡之意，以制众人。诸葛亮这话倒是不错，却没有更好的办法了。

魏、蜀两军从二月对峙到八月，诸葛亮病死于军中，蜀军只得退兵汉中。诸葛亮的最后一次北伐，也以无功而告终了。引来后人无限感叹："出师未捷身先死，长使英雄泪满襟！"

司马懿的目的终于达到了，他灵活应变，坚壁不战，以柔克刚，拖死了诸葛亮，不战而退敌人之兵。

这个故事告诉人们：欲求成功，必须求变，或者是用不变之变，不怕天下耻笑。当决战的时机还不成熟而对方咄咄逼人之时，要求变，求变，再求变。目前的求变负重是为了未来的胜利，暂时的退却和忍耐，并非懦夫的表现，而是意志坚定，目光远大的表现。

精妙点评

越是精于做事的人，城府便越深。有些人善于从对方的喜怒哀乐的变化中发现问题，实在有眼力。事实上，喜怒哀乐是人的基本情绪，世界上根本"心如止水"没有这种人没有喜怒哀乐！如果有的话，只能是"植物人"。没有喜怒哀乐，这种人其实蛮可怕的，因为你不知道他对某件事的反应、对某个人的观感，让人面对他时，有不知如何应对的慌乱。

精于观察，把功夫用在灵活变化上

> 聪明人不仅聪明在脑子中，而且聪明在眼神中。我们知道，做人办事须有敏锐的观察力和灵活的运作力，以便力戒难以办成的事。这两种能力是非常重要的，反映了一个人的素质和智慧。

毫无疑问，善于观察，就会灵活出击，就会见缝插针，就会造势。对于那些善于谋事者而言，他们均善为此——精于观察，把功夫用在灵活变化上。古今能成大事之人，手笔自然恢宏，行事自然开阔。清代"红顶商人"胡雪岩曾点化王有龄"水涨船高，人抬人高"之道。

胡雪岩的好朋友王有龄受到抚台黄宗汉的赞赏，并把催运漕粮的任务交给他去办。运送漕米本来是一项肥差，只是浙江的情况却有自己的特殊性。浙江上年闹旱灾，钱粮征收不上来，且河道水浅，不利行船，直至九月漕米还没有启运。同时，浙江负责运送漕米的前任藩司由于与抚台黄宗汉不和，被黄宗汉抓住漕米问题狠整了一道，以致自杀身亡。到王有龄做海运局时，漕米由河运改海运，也就是由浙江运到上海，再由上海用沙船运往京城。现任藩司因有前任的前车之鉴，不想管漕运的事，便以改海运为由，将这档子事全部推给了王有龄。漕米是上交朝廷的"公粮"，每年都必须按时足额运到京城，哪里阻梗哪里的官员便要倒霉，所以，能不能完成这桩事，不仅关系到王有龄的前途，而且还关系到他的身家性命。但如果按常规办，王有龄的这桩公事几乎没有能够完成的希望，一是浙江漕米欠账太多，达三十多万石之巨，二是运力不足，本来漕米可以交由漕帮运到上海，可是由于河运改成了海运，等于是夺了漕帮的饭碗，他们巴不得漕米运不出去，哪里还肯下力？到时你急他不急，慢慢给你拖过期限，这些人也该丢饭碗了。

然而这桩在王有龄几乎是无法解决的麻烦事，被胡雪岩一个就地买米之计一下子就给化解了。以胡雪岩之见，反正是米，不管哪里的都一样，只要能按时在上海将漕米交兑足额，也就算完成了任务。既然如此，浙江可以就在上海买米交兑，差多少就买多少，这样省去了漕运的麻烦，问题也就解决了。

就地买米，解决漕运麻烦，严格说来并不是通常意义上的做生意，但从这里我们却看出来胡雪岩遇事思路开阔、头脑灵活，不墨守成规而能随机应变的本事。比如黄宗汉、王有龄以及浙江藩司等人，想到的只是漕米欠账太大，一时难以筹足，想到的只是漕米由河运改海运之后漕帮会作梗，即使筹足米数，要按时运达上海也难，就是想不到漕米改海运之后实际上为同时解决上面两个问题提供了契机。由于没有想到这一层，因而只能在那里一筹莫展干着急。究其原因，也就在于他们拘于漕米必需是由征收地直接上运的成法，而没有想到情势不同还可以有新的运作方式。

生意场上当然少不了如胡雪岩的思路开阔、不拘成法。后来胡雪岩借公家的银子开自己的药店，用苏州富家公子的资金办自己的典当，都是他头脑灵活，随机应变的结果。胡雪岩说："八个坛子七个盖，盖来盖去不穿帮，就是会做生意。"说的就是做生意要不拘成法，灵活机动。

上海之行，收获不小。公事方面，圆满完成了漕粮代垫；私事方面，汇了两万两银子到黄宗汉老家。黄宗汉异常满意，透出口风，要不了多长时间定有酬谢。

向巡抚大人交了差后，王有龄松了口气，深感自己要做好官，离了胡雪岩实在不行，就有些感叹地对胡雪岩说："我们两人合在一起，何事不可为？真要好好干一下。"

胡雪岩便趁机对他说，立个门户，开家钱庄。现在因为打仗的关系，银价常常有上落，只要眼光准，兑进兑出，两面好赚，机会不可错过。

开钱庄有一个最大的好处就是代理道库、县库，公家的银子没有利息，等于白借本钱。他的计划是先把门户立起来，开张时弄得热热闹闹的，其实是虚张声势，内里是空的。等王有龄一旦放了州县，一切都变成了现实。

精妙点评

胡雪岩始终以敏锐的观察力和灵活变化的运作力去办事，不拘一点，不守死法，手段多样，这为他成就自己的财富人生奠定了基础。这说明，一个人离开"精明观察"四字，是很难有所作为的，即使有一点小成绩，那也是做不大的。

根据角色需要变脸谱

> 月有阴晴圆缺，脸有喜怒哀乐。脸色是内心的表达，是内心的晴雨表。不同的人脸色不同，是因为心事不一。在古代，为人处世，需要应付各种各样的人，所以只有一手是不行的，必须做到红脸白脸都能唱，也就是一文一武，一软一硬，既刚柔相济，又恩威并施，相互包容，各展所长。
>
> 《菜根谭》说：任何一种单一的方法只能解决与之相关的特定问题，都有不可避免的副作用。对人太宽厚了，便约束不住，结果无法无天；对人太严厉了，则万马齐喑，毫无生气。有一利必有一弊，不能两全。

高明的人深谙此理，为避此弊，莫不运用红白脸相间之策。有时两人连档合唱双簧，一个唱红脸，一个唱白脸；有更高明者，可像高明的演员，根据角色需要变脸谱。

东魏独揽大权的丞相高欢临死前，把他儿子高澄叫到床前，谈了许多辅佐儿子成就霸业的人事安排，特别提出当朝唯一能和心腹大患侯景相抗衡的人才是慕容绍宗。说："我故不贵之，留以遗汝。"当父亲的故意唱白脸，做恶人，不提拔这个对高家极有用处的良才，目的是把好事留给儿子去做。

高澄继位后，照既定方针办，给慕容绍宗高官厚禄，人情自然是儿子的，慕容绍宗感谢的是高澄，顺理成章儿子唱的是红脸。没几年，高欢的另一个儿子、高澄的兄弟高洋登基成了北齐开国皇帝。这是父子连档，红白脸相契，成就大事之例。

朱元璋上台也想把这出红白脸之戏再演一回，可惜太子是一个心慈面善之人，他见父亲朱元璋大开杀戒，诛杀开国有功之臣，时常苦劝。为教育儿子，一天朱元璋准备了一个满带荆棘的木杖，扔到地上，叫太子去那里拿起。

太子显得为难，朱元璋得意地教训他说："你拿不了吧。让我把刺儿先替你修剪干净，再传给你，这难道不好吗？我如今所杀之人，都是天下最危险的人。把这些人除掉，传给你一个稳稳当当的江山，这是你的福分。"

没想到太子并不领情，还说："上有尧舜之民。"这话在我们听来是很有道理的社会互动理论，但在朱元璋听来，却是百分之百的屁话，气得他操起坐着的竹榻，向儿子砸去，两人你追我赶地在深宫大院中闹将起来，也顾不得什么体统和尊严了。

儿子没等登基就死了，等到朱元璋长孙即位后，满朝的能人都被斩尽杀绝，实在找不出"带荆棘"的人来对付燕王朱棣的"靖难之师"了。朱元璋的白脸唱过了头，后边的红脸也就无法唱了。

精妙点评

由此看来，要善于变化不同的脸色，既要有丰富的阅历，又要有很高的技巧，真正演好它需要花很大的工夫。从上面的故事中，我们可以发现：善谋事者，总是不断地因变换心事而变换脸色，以便应对各种可能出现的特殊情况，这种变脸角色，令人想到川戏变脸，那急如闪电的改换面具的招数令人叫绝。怎样变脸，才不为人察觉，这可是一门学问。聪明人的脑中自有一套功夫。

第八章

忍让求成：越急越成不了大事

"忍"字当头，可成大事。善于求忍者不把要做的事立即做成，特别是在条件不成熟的情况下，更是要忍受强者造成的压力。做人办事一定要"在小处忍让，在大处求胜"，不是一受到别人的冷眼，就眼红，而是根本不把别人所说所做的一切当回事，控制自己的情绪，把头低下来，等待下一次时机的到来。此为成大事的定则。

低头无妨做大事

> 忍让求成有一种表现形式,即吃亏。俗话说:"好汉不吃眼前亏。"是指聪明人能见机行事,避开暂时的不利势头,以免吃亏受辱。中国人向来提倡"以忍为上"、"吃亏是福",这是一种玄妙的处世哲学。常言道:识时务者为俊杰。所谓俊杰,并非专指那些纵横驰骋如入无人之境,冲锋陷阵无坚不摧的英雄,而应当包括那些看准时局、以忍求成的处世者。

汉朝开国名将韩信是"好汉不要吃眼前亏"的最佳典型,乡里恶少要他爬过他们的胯下,不爬就要揍他,韩信二话不说,爬了。如果不爬呢?恐怕一顿拳脚,韩信不死也只剩半条命,哪来日后的统领雄兵,叱咤风云?他吃眼前亏,为的就是留得青山在,不怕没柴烧啊!所以,当你在人性的丛林中碰到对你不利的环境时,千万别逞血气之勇,也千万别认为"可杀不可辱",宁可吃些眼前亏。

与韩信同时代的张良也是一位能吃"眼前亏"的处世高手。张良原本是一个落魄贵族,后来作为汉高祖刘邦的重要谋士,运筹帷幄之中,辅佐高祖平定天下,因功被封为留侯,与萧何、韩信一起共为汉初"三杰"。

张良年少时因谋刺秦始皇未遂,被迫流落到下邳。一日,他到沂水桥上散步，遇一穿着短袍的老翁，近前故意把鞋摔到桥下，然后傲慢地差使张良说："小子，下去给我捡鞋！"张良愕然，不禁拔拳想要打他。但碍于长者之故，不忍下手，只好违心地下去取鞋，老人又命其给穿上。饱经沧桑、心怀大志的张良，对此带有侮辱性的举动，居然强忍不满，膝跪于前，小心翼翼地帮老人穿好鞋。老人非但不谢，反而仰面长笑而去。张良呆视良久，老人又折返回来，赞叹说："孺子可教也！"遂约其5天后凌晨在此再次相会。张良迷惑不解，但反应仍然相当迅捷，跪地应诺。

5天后，鸡鸣之时，张良便急匆匆赶到桥上。不料老人已先到，并斥责他："为什么迟到，再过5天早点来。"第三次，张良半夜就去桥上等候。他的真诚和隐忍博得了老人的赞赏，这才送给他一本书，说："读此书则可为王者师，10年后天下大乱，你用此书兴邦立国，13年后再来见我。我是济北穀城山下的黄石公。"说罢扬长而去。

张良惊喜异常，天亮看书，乃《太公兵法》。从此，张良日夜诵读，刻苦钻研兵法，俯仰天下大事，终于成为一个深明韬略、文武兼备、足智多谋的"智囊"。

现实生活是残酷的，很多人都会碰到不尽人意的事情。残酷的现实需要你对人俯首听命，这样的时候，你必须面对现实。要知道，敢于碰硬不失为一种壮举。可是，胳膊拧不过大腿。硬要拿着鸡蛋去与石头斗狠，只能算作是无谓的牺牲。这样的时候，就需要用另一种方法来迎接生活。

不妨拿出一块心地，单搁不平之事，闭起双眼，权当不觉。还是那句话：忍！大丈夫要能屈能伸，人在矮檐下，一定要低头。

我们不妨做这样一个假设：你和别人开车时相撞，对方的车只是"小伤"，甚至可以说根本不算伤，你不想吃亏，准备和对方理论一番，可对方车上下来四个彪形大汉，个个横眉怒目，围住你索赔，眼看四周荒僻，也无公用电话，更不可能有人对你伸出援手。请问，你要不要吃"赔钱了事"这个亏呢？

你当然可以不吃，如果你能"说"退他们，或是能"打"退他们，而且自己不受伤！

如果你不能说又不能打，那么看来也只有"赔钱了事"了。你说他们蛮横无理也罢，欺人太甚也罢，但你应该明白，在人性丛林里，是不太说"理"这个字的！优胜劣汰，适者生存，哪有什么理可说呢？因此，眼前亏不吃，换来的可能是一顿拳打脚踹或是车子被砸坏。报警？人都快被打死了，还报警？报警也不一定来得及啊！由此可见，"好汉不吃眼前亏"的目的是以吃"眼前亏"来换取其他的利益，是为了生存和实现更高远的目标，如果因为"不吃"眼前亏而蒙受巨大的损失，甚至把命都丢了，哪还谈得上未来和理想？

精妙点评

不少人一碰到眼前亏，会为了所谓的"面子"和"尊严"，甚至为了所谓的"公理"，而与对方搏斗，有些人因此而一败涂地，有些人虽然获得"惨胜"，却元气大伤。切记忍为上策！

忍耐一步,就可走到终点

> 古人说:"小不忍则乱大谋。"坚韧的忍耐精神是一个人个性意志坚定的表现,更是一个为人处世谋略的运用。成功需要忍耐,需要坚持。中国有功亏一篑、功败垂成之说,其意之一就是不能坚持,在大功告成之际,却走向了失败。不少人正是这样失败的,许多努力已经作出,许多成绩已经取得,如果再坚持最后五分钟,多年的心血就要浇灌出绚丽的花朵,可是,就是在这最关键的时候,放弃了努力,或者改弦更张,以前的努力都白费了。就这样恶性循环,陷入了失败的"怪圈",离成功越来越远。因此,坚持最后五分钟是走向成功最为关键的一步。

西汉末年,外戚王莽公然篡位,建立新朝。随之托古改制,致使百姓生活艰难,怨声载道。全国各地义军纷起,天下为之大乱。南阳的富豪刘、刘秀两兄弟,本是汉室宗亲,见王莽篡汉建新,又苦苦捕杀刘姓宗亲,便立志推翻王莽新王朝,重兴汉室。在起事时,刘秀兄弟势单力孤,难遂夙愿,就加入当时声势浩大的绿林军中,等待时机。此后不久,绿林军为便于号令天下,推举同是汉室宗亲的刘玄为首领,称为"更始皇帝"。刘、刘秀因功绩卓著被封官。

公元23年,刘玄派刘出兵攻宛城,刘秀出兵昆阳、定陵和郾县,绿林军声势大震，有西进长安之势。王莽派大将王寻和大司空王邑率军40万围困昆阳。刘秀亲率十三骁骑勇闯敌营，搬来救兵在昆阳城外与新军展开决战，终于以少克多，大胜敌军。这就是历史上著名的战役"昆阳之战"。在刘秀激战昆阳的同时，刘也攻克了宛城。由于义军接连获胜，主将刘、刘秀兄弟名震一时，却无意中引起了更始皇帝刘玄的猜忌。刘玄本是个懦弱无能、见识短浅的人，被推为首领是因为其贵族身份，现在见刘氏兄弟威信日高，声名远播，极为恐惧，害怕他们将谋取他的皇位，因此，不久刘玄就谋杀了在宛城建功的刘，还伺机加害于刘秀。

刘秀得到刘被害的消息，立即驰马到宛城面见刘玄，向他谢罪，刘的部将向刘秀致哀，他却谈笑自若，丝毫没有伤悲的样子，在刘玄面前，一点也不提自己在昆阳建立的大功，只是称罪，刘秀不为哥哥服丧，饮食自如，好像对刘的死毫不怀疑的样子。这样刘玄不但不再怀疑刘秀身怀异心，而且对自己加害刘感到羞愧，就拜刘秀为破虏大将军、武信侯。刘秀避免了杀身之祸，同时注重搜罗人才，兼并军队，如招抚铜马将领吴汉，收编高湖等地义军等等。当刘秀羽翼已丰，实力雄厚，这才同刘玄彻底决裂，为刘举哀治丧，兵讨刘玄。公元25年，刘秀称帝，建国号"汉"，史称东汉。

这就是一则忍辱负重的范例。的确，在通往权力的征途中，既有刀光剑影，抛头洒血，也有精神上的蒙受耻辱。有的英雄好汉往往不怕流血牺牲，却受不了半点精神上的耻辱，这对成就大业是极为不利的，中国素有"大丈夫能屈能伸"的警句，这也是总结千万条经验教训的经验之谈。看看刘秀，在当时情形之下，若针锋相对，只有死路一条，他在昏庸的主子面前，只能强装笑颜，以屈求伸，等待时机。据史载，刘秀当时白天强装笑颜夜晚以泪洗面，这是何等的忍耐力。正是因为有了这样超人的忍耐力，他才终于有了超人的事业成功。

在中国历史上，既有"忍成大事"的经验，又有功败垂成的教训，前者当数越王勾践，后者当数"闯王"李自成。

春秋时，越王勾践被吴王夫差打败，退守在会稽山上。越王要求与夫差讲和，夫差的条件是要勾践夫妇到吴国给他当奴仆。勾践答应了这苛刻的条件。

到了吴国，他们住在山洞石屋里。夫差每次外出，勾践就亲自为他牵马。有人指骂他，有人讥讽他，他都不在乎，对吴王夫差一副卑躬屈膝的样子，以让夫差放心，并讨得他的欢心。一次，夫差病了，勾践得知此病不久就会好转，就去探望夫差，并亲口尝了他的粪便，向夫差道喜，说他的病很快就会好的。夫差问他怎么知道，勾践回答说："我曾经跟名医学过医术，只要尝一尝病人的粪便，就能知道病情的轻重。刚才我尝了大王的粪便，味酸而稍微有点苦，用医生的话说，是得了'时气之症'，不久就会好的。大王不必担心。"果然不出几天，夫差的病好了。夫差从此认定勾践比自己的儿子还孝顺，深受感动，就把勾践放回了越国。

勾践回国后，更体现了他坚持忍耐的品格。为了笼络群臣百姓，他坚持苦心劳力，艰苦朴素。每当有较好的食物，自己绝不独占；有了美酒，就倒在江中，以示与百姓同饮。他还靠自己的耕种吃饭，靠妻子亲手织布穿衣。为了坚持锻炼自己的斗志，有意不过舒适的生活，床铺上不用褥子，铺的是柴草，还经常预备一个苦胆，随时尝一尝苦味，以不忘耻辱和失败带来的痛苦。历史上的卧薪尝胆就出自这一典故。

经过数年的卧薪尝胆，勾践认为时机已到，准备与夫差决一死战。越国终于战胜吴国，越军包围了吴王的王宫，攻下城门，活捉了夫差，杀死吴国宰相。灭掉吴国两年后，越王勾践称霸诸侯。

越王勾践从失败到成功，靠的是坚持和忍耐；而李自成从胜利走向失败，却是没有坚持到底的一个典型。李自成在攻进北京以前，他的起义军队齐心协力，艰苦奋斗，取得了军事上的重大胜利。但是，攻入北京以后，军事的胜利却转向了失败，从李自成开始，许多人没有坚持攻入北京以前的方针和精神，开始骄傲自满，消极腐败，在北京城里，义军的许多将士忘乎所以，军纪败坏，掠夺民财，强占民女。义军首领刘宗敏把明将吴三桂的爱妾陈圆圆抢走，使原来想投降义军并已进京走到滦县的吴三桂为此打消了投降的念头。这导致了军情的重大突变，加上牛金星、刘宗敏的蜕化变质，内部权力争斗，义军开始走向衰败。李自成仅在北京待了41天，就匆匆撤离，最后战败身亡。

这正反两方面的经验教训说明，能否坚持到底，对事业的成败是何等重要。大到一个国家，小到一个个人，都概莫能外。

精妙点评

要培养坚持到底的品格和毅力，应当做到：第一，锲而不舍地追求成功的目标；第二，具有成功的强烈欲望；第三，培养自信心，自信坚持到底，必然成功；第四，具有坚强的意志，把个人的精力集中到所追求的目标上；第五，培养坚韧不拔的习惯，每天都用坚韧不拔的精神做好当天的事情，这样下去，就养成了坚韧不拔的习惯。

力戒浮躁，欲速则不达

> 做事戒急躁，人一急躁则必然心浮，心浮就无法深入到事物的内部中去仔细研究和探讨事物发展的规律，无法认清事物的本质。气躁心浮，办事不稳，差错自然会多。

《郁离子》中记录了这样一个故事：在晋郑之间的地方，有一个性情十分暴躁的人。他射靶子，射不中靶心，就把靶子的中心捣碎；下围棋败了就把棋子儿咬碎。人们劝告他说："这不是靶心和棋子的过错，你为什么不认真地想一想，问题到底出在哪里呢？"他听不进去，最后因脾气急躁得病而亡。遇事急躁，气浮心盛的例子还不止这一个。不少人办事都想一蹴而就，应该知道，做什么事都是有一定规律、有一定步骤的，欲速则不达。

相反，忍躁不乱行事，于人于事有从容的风度，东汉时的刘宽，就是这样。汉桓帝时，他由一个小小的内史迁升为东海太守，后来又升为太尉。他性情柔和，能宽容他人。有一次，刘宽正赶着要上朝，时间很紧，他衣服已经穿好，夫人想试试他的忍性，就让丫鬟端着肉汤给他，故意把肉汤打翻，弄脏了刘宽的衣服。丫鬟赶紧收拾盘子，刘宽表情一点不变，还慢慢地问："烫伤了你的手没有？"他的性格气度就是这样。其实汤已经洒在了身上，时间也确实很紧，即便是把失手洒汤的人骂一顿，打一顿，时间也不会夺回来，急又有什么用处呢？倒不如像刘宽那样，以自己的容人雅量，从容对事，再换件朝服，更为现实和有用。

还有明朝的赵豫，宣德和正统年间，赵豫任松江知府。他对老百姓问寒问暖，关怀备至，深得松江老百姓的爱戴。

赵豫处理日常事务，有他自己的一套工作方式。每次他见到来打官司的，如果不是很急的事，他总是慢条斯理地说："各位消消气，明日再来吧。"起先，大家对他的这套工作方法不以为然，甚至还暗地里编了一句"松江知府明日来"的顺口溜来讽刺他。这句顺口溜慢慢地在老百姓中间流传开来，老百姓见到他都叫他"明日来"。听到这个绰号，赵豫总是仁慈地笑笑，从不责备叫他绰号的人。

赵豫曾对人说起过"明日再来"的好处："有很多的人来官府打官司，是乘着一时的忿激情绪，而经过冷静思考后，或者别人对他们加以劝解之后，气也就消了。气消而官司平息，这就少了很多的恩恩怨怨。"

"明日再来"这种处理一般官司的做法，是合乎人的心理规律的。以"冷处理"缓和情绪，不急不躁，才能理智地对待所发生的一切，避免不必要的争执，忍一时的不冷静，对人对己都有好处。

精妙点评

中国文化的精要就在于以静制动，处安勿躁。浮躁会带来很多危害。想有所作为，而又不能马上成功，会产生急躁情绪；本以为把事情办得很好，谁知忽然节外生枝，一时又无法处理，必然生出急躁之心；因为他人的过错，给自己造成了一定的麻烦，

> 心气不顺，也会产生急躁；望子成龙，盼女成凤，天下父母之心皆然，但偏偏儿女不争气，心中也同样急躁；受到别人的责怪、批评，又无法解释清楚，心中也会产生急躁的情绪。无论是哪一种情况产生的急躁，其实对己对他人都没有好处。浮躁之气生于心，行动起来就会态度简单、粗暴，徒具匹夫之勇，这样不是太糊涂了吗？

动辄发怒的人多为莽汉

> 做人不能由着自己的性子来，动辄发怒，缺乏忍耐，这样的人是成不了大事的。为什么呢？那些成大事者皆以"忍"字为要，在任何时候都控制自己的情绪，以便事有所成。这就是忍耐之性！

身居高位的人，凡事不能容忍，动辄发怒，那么就会遗过于下面的人；如果在下位的人，不顾礼义，却逞强发怒一定会冒犯上位的人；只要有一方不知制怒，而轻易发作的话，后果都是贻害更多的人。这话有一定可取之处。

唐太宗贞观二年（公元628年），河南一个叫李好德的人有精神病，常乱讲一些妖言，皇帝下令大理丞相张蕴古去察访此事。张蕴古察访后上奏折说李好德确实有病，而且有检验结果，不应当抓起来。治书权万纪上书弹劾张蕴古，因为他是相州人，而李好德的哥哥李厚德是相州刺史，所以说是张蕴古讨好顺从他，考察之情也不会是实事求是。皇帝很生气，下令把张蕴古杀了。后来皇帝暗地里很后悔。

由于自己一时的怒气，不详细核实，不做认真细致的调查，就草菅人命，唐太宗也过于轻率了。这是不忍怒气的后果，人一发怒，出于一时的激愤，做事就有可能过火，等认识到问题的严重性，为时已晚。就在同一年里，又有一次，唐太宗又因为瀛洲刺史卢祖尚文武双全、廉直公正，征召他进朝廷，告诉他："交趾久久没有得到适当的人去管理，现在需你去镇抚。"卢祖尚行礼感谢后出来，不久就感到后悔，他托病推辞。皇上派杜如晦等人宣读诏书，卢祖尚坚决推辞，皇上非常生气，说："我派人都派不出去，还怎么处理政务？"下令在朝廷上把他杀了，但很快又感到后悔。魏征对他说："齐文宣帝要任姚恺为光州刺史，姚恺不肯去。文宣帝气愤地责备他，他回答说：'我先任大州的官职，只有功绩并没有犯罪，现在却让我担任小州的官职，所以我不愿意去。'文宣帝就饶了他的死罪。"唐太宗说："卢祖尚虽然有失臣子的礼仪，我杀了他也太过分，由此看来，我还不如文宣帝呢。"马上命令追复卢祖尚荫庇子孙任官的权利。

唐太宗认识到了自己做事因怒不忍，过于急躁，连杀了两位臣子，悔恨之意溢于言表。尽管他知错能改，但毕竟有些事情是无法补救的。正是由于怒能造成严重的危害，所以古今中外许多人都下功夫去研究制怒的办法。很多人发现制怒的唯一良方是忍。在一般的情况下，人们应该抑制愤怒情绪的发作，以利自身健康，以利团结他人，以利相安和谐，以利国家社会安定，以利事业发展。在极特殊的情况下，也完全可以以怒为计，震慑敌人，激怒敌人，以便战胜敌人。

人不能心浮气躁，静不下心来做事，将一事无成。荀况在《劝学》中说：蚯蚓没有锐利的爪牙、强壮的筋骨，却能够吃到地面上的黄土，往下能喝到地底的黄泉水，原因是它用心专一。螃蟹有八只脚和两个大钳子，它不靠蛇鳝的洞穴，就没有寄居的地方，原因就在于它浮躁而不专心。

轻浮、急躁，对什么事都深入不下去，只知其一，不究其二，往往会给工作、事业带来损失。戒轻浮是讲人要踏实、谦虚，戒急躁是要求我们遇事沉着、冷静，多分析多思考，然后再行动，不要这山看着那山高，干什么都干不好，最后毫无所获。

精妙点评

天下成大事业者，无不是专一而行，专一而攻。博大自然不错，精深才能成事。要精深，要在某一个领域中成为专门人才，必须克服浮躁的毛病。无论办什么事都不可能毫不费力地成功，急于求成，只能是害了自己。忍浮戒躁确实不容易，要有顽强的毅力，才能做到这一点，但只要有决心、有信心，胸中有个远大的目标，小小的浮躁又有什么不能忍的！

在小处忍让，在大处获胜

> 一个人能否在小处忍让，意味着他是否能在大处获胜。"忍"字的内涵非常丰富，它表明必要的妥协是应该的。为官做事要学会妥协，更要善于取舍。因为，只有在小处忍让妥协，才能在大处获胜；只有舍小，才能取大。为了成大谋，有时必须在小事、小利上忍让一些、妥协一些，因为只有这样，才可以为自己成就大功业积蓄力量，铺平道路。

无论如何以和为贵、以忍为高，都是成大事者的人生法则。人的一生，会面临种种的机会与选择，也会遇到许多的冲突与挑战，一个人不可能得到自己全部想要的，有时不得不放弃一些无关紧要的东西，不得不对自己的某些利益忍痛割爱。

张之洞是深谙此道，他不仅善于委曲求全，还深刻理解小不忍则乱大谋的道理，所以他常常为了达到自己的目的，不逞一时之强，而是委屈自己适应现实的需要，等到为自己积累下了坚实的基础之后，再充分发挥自己的才能，来实现自己的理想，从而达到建功立业的目的。张之洞虽然在一生中，大多数情况下都是坚持己见，敢于以硬碰硬，不向异己屈服，但他毕竟是个满腹韬略的人。他善于因时顺势，目光长远，能屈能伸。

他在与政敌打交道时，尤其如此。尽管他与李鸿章早有嫌隙，在政见上多有不同，也看不惯李鸿章一味地对外求和的为政策略，更看不起李鸿章不顾全大局，始终维护自己淮军局部利益的做法，但他同时也深知：李鸿章始终不服自己，多次在人面前贬抑自己好大喜功。他认为李鸿章毕竟位高权重，自己如果一味地同他僵持下去，两个人之间就会由嫌隙转化为比较大的矛盾，那样不但对自己的前程不利，对国家也没好处。于是他想在不涉及重大问题的前提下，自己还应该对李鸿章虚与委蛇，尽量不贸然得罪他。所以他在李鸿章母亲八十寿辰时就送过去寿文，李鸿章本人七十寿辰时，他更是三天三夜几乎没有睡觉，写了一篇洋洋洒洒的寿文送给李鸿章。在寿文中，张之洞极尽能事地推崇李鸿章，说李鸿章"文长纶阁，武镇畿疆，内掌海官，外综商政，有一德之美，兼四事之勤，赞成盛化有自来矣"，意思是赞扬李鸿章文武兼备，既饱学博识，文才盖世，又运筹帷幄，统领千军万马，镇守着祖国边疆。夸李鸿章是兴国栋梁，内掌海军衙门大权，外管外交事务，不愧为安国重臣。还赞美李鸿章德高望重、勤于国事，美好的品性深得天下人的敬佩。这篇约 5000 字的寿文成为李鸿章所收到的寿文中的压卷之作，琉璃厂书商将其以单行本付刻，一时洛阳纸贵。张之洞对李鸿章的这种人际关系处理，包含着深刻的自保意识。

　　张之洞对待翁同与他对待李鸿章有异曲同工之妙。戊戌变法前，虽然他在许多方面对翁同的变法主张持不同意见，但看到光绪帝对翁同深为信任，"每事必问，眷倚尤重"，所以便曲意攀附翁同。他曾致函"贵为帝傅"的翁同，吹捧他博学多识，深谙儒学之精髓，而且通达时务，为时代之俊杰。张之洞在信中还称赞他实行务实的策略，提倡维新变法，以达到富国强民的目的，所以自己非常仰慕翁同，如果能有为翁同的维新变法效力的机会，自己一定会尽全力去做。

当张之洞被委任为山西巡抚，即将启程时，有一个山西籍富商、泰裕票号的孔老板，拿着一万两银子来贿赂他。他对张之洞说，他深知张之洞为官清廉，手头并不宽裕，出于对张之洞的敬慕，他想为张之洞解决差旅费。张之洞当时婉言谢绝了孔老板的这笔钱。可是当他来到山西，考察了当地的情况之后，深为山西罂粟的种植之多而震撼，他决心铲除山西罂粟，让百姓重新种植庄稼。而改种庄稼，需要帮助百姓买耕牛、买粮种，但山西连年干旱、歉收，加上贪官污吏的中饱私囊，拿不出救济款发放给老百姓，不得已他决定向商号老板募捐。这时，他第一个想到的就是孔老板。

开始时，张之洞觉得孔老板当初是想拿银子来贿赂自己，目的当然是想日后从自己这里得好处，现在要他把银子捐出来，为山西的百姓做善事，那他未必会同意，但转念又想应该去找他谈谈，试试看。因为虽然商人都重利，大多数商人都只肯做以小利换大利的事，但是毕竟还有一些大商人，银子已经够多了，他不再看重实利，而看重名和位，愿意以银子换名位。孔老板会不会是后一种人呢？如果是的话，那么自己可以和他商量一下，拿名位来跟他换银子。虽然说名声与官位不能轻易送人，但如果能得到一笔拯救百姓困苦的钱财，解决百姓的生活急需，那么在一些不涉及国家根本利益的小事上是可以变通一下的。

经过商谈，孔老板终于表示愿意拿出五万两银子，但前提是必须答应他两个条件，一是请张之洞为他在票号大门口的匾上题写"天下第一诚信票号"八个字。第二个条件是要请张之洞为他弄个候补道台的官衔。

刚开始张之洞觉得孔老板的这两个条件都不能答应。因为自己连泰裕票号诚信不诚信都不知道，又怎么能说它是天下第一诚信票号呢？第二他向来讨厌捐官，认为捐官是一桩扰乱吏治的大坏事，自己厌恶的事自己怎么能做！这个孔老板也太过分了，仗着有几个钱居然伸手要做道台！人家千千万万读书郎，二十年寒窗，三十年苦读，到死说不定还得不到正四品的顶子哩！可是不答应他，又到哪里去弄五万两银子呢？没有这五万银子，就没有五六千户人家的种子耕牛，他们地上长的罂粟就不会被铲除，禁烟在这些地方就成了空话。

五万两银子毕竟不是个小数目，它对张之洞的诱惑太大了。经过反复思考，张之洞决定采用折中迂回的手段，答应为孔老板的票号题写"天下第一诚信"六个字，这跟孔老板所要求的那八个字相比，不仅仅是少了"票号"两个字的问题，而是意思上也有了很大的不同，因为"天下第一诚信"这六个字意味着：天下第一等重要的是诚信二字，并不一定是说他们泰裕票号的诚信就是天下第一。至于他的第二个要求，张之洞反反复复想了很久，最后给自己找了这样一个台阶：一来，捐官的风气由来已久，不足为怪，二来即使孔老板做了道台，他依旧要做他的票号生意，并不会等着去补缺，也就不会去抢别人的位置，所以对孔老板来说不过是得了个空名而已。再者按朝廷规定，捐四万两便可得候补道台，孔老板要捐五万，已经超过了规定的数目，给他个道台的虚名，于情于理，都不为过。还是答应他算了，要不，他五万银子怎么肯出手。为了五万两救民解困的银子，张之洞终于自己"说服"了自己，而孔老板最后也答应了张之洞的折中方案。

张之洞的忍小谋大，还表现在任两广总督时，虽然作为清流的儒雅君子，他对赌博深恶痛绝，但为大局着想还是开禁了"闱赌"，并用这种"不义之财"去干了许多利国利民的好事。不仅仅根据自己的好恶就决定是否做某件事，这也正是古人所说的"不以小仁而废大利"，"忍恶名而谋美誉"。

精妙点评

  一个人不能只图虚名，只有具备能在小处妥协、退让的心态，才能在大处取胜，这样才能成大谋。的确，一般人正因为不能善忍，故无法达至最高的为人处世之境，也终难成一生大事。